Zur Dampfturbinentheorie

Zur
Dampfturbinentheorie

Verfahren

zur

Berechnung vielstufiger Dampfturbinen

Von

Dr.-Ing. **Wilhelm Deinlein**

Mit 51 Abbildungen im Text

München und **Berlin**
Druck und Verlag von R. Oldenbourg
1909

Vorwort.

Vorliegende Arbeit ist in dem Bestreben entstanden, die in der Arbeit meines Vorgängers Herrn Dr. A. K o o b angegebene »Berechnung der Dampfturbinen auf zeichnerischer Grundlage« (Z. d. V. d. I., Jahrg. 1904, S. 660) durch Verfahren zu ersetzen, welche

1. die Bildung von Stufenreihen mit gegebener Stufenzahl nach Belieben erreichen lassen,
2. die Berechnung der Turbine vom Zustand des eintretenden Dampfes aus ermöglichen, also den Beginn der Dreieckskonstruktionen nicht mehr von der Kondensatorseite her verlangen,
3. die ausschließliche Verwendung des Mollierschen J-S-Diagramms an Stelle des früher gebräuchlichen Temperatur-Entropie-Diagramms (des Wärmediagramms) erlauben.

München, Dezember 1908.

Wilhelm Deinlein,
Assistent für theoretische Maschinenlehre an der
Kgl. Technischen Hochschule in München.

Inhaltsübersicht.

I. Verfahren zur Berechnung von mehrstufigen Gleichdruck- und Überdruck-Dampfturbinen.

Mehrstufige Gleichdruckturbinen.

Die wesentlichen Vertreter dieser Art sind die Rateau- und die Zoellyturbine; dazu kämen noch jene kombinierten Systeme, die zum Teil aus Gleichdruck-, verbunden mit Überdruck-, bzw. Curtisturbinen bestehen. Von deutschen Ausführungen wären hier zu nennen: die Turbinen der Allgemeinen Elektrizitätsgesellschaft in Berlin und jene von Melms & Pfenninger in München.

Die Rateau- und die Zoellyturbine unterscheiden sich durch die Stufenzahl und durch die Raddurchmesser. Für sonst gleiche Verhältnisse wendet Rateau mehr Stufen an, als sie bei ausgeführten Zoellyturbinen gefunden werden. Rateau beginnt im Hochdruckteil mit kleinen Raddurchmessern, die mit der Volumenzunahme des Dampfes schnell anwachsen. Bei den Zoellyturbinen hatten bisher alle Räder gleiche Durchmesser. Dies hat zur Folge, daß bei den Rateauturbinen bereits in den ersten Stufen eine verhältnismäßig große Beaufschlagung vorhanden ist, während bei den Zoellyturbinen auch bei kleinen Schaufellängen, entsprechend den großen Durchmessern am Anfang der Turbine (Hochdruckteil), nur sehr kleine Beaufschlagungen möglich sind.

Von den Curtisturbinen unterscheiden sich die zwei zu behandelnden Systeme dadurch, daß bei letzteren innerhalb einer Stufenreihe (Aufeinanderfolge von nahe zusammengebauten Leit- und. Laufrädern mit gleichem Durchmesser) der aus einem Laufrad austretende Dampf sofort in einem neuen Leitrad aufgefangen wird, welch letzteres also die Dampfexpansion nicht von der Geschwindigkeit Null aus zu bewirken hat. Bei den Curtisturbinen dagegen geht die absolute Austrittsgeschwindigkeit am Ende einer Druckstufe mehr oder weniger verloren.

Für das zu entwickelnde Verfahren müssen, je nachdem es
sich um Zoelly- oder Rateauturbinen handelt, zwei verschiedene,
wenn auch ähnliche Wege eingeschlagen werden. So wäre zu unterscheiden:

  a) das Verfahren für Turbinen mit durchweg gleichen Rad-
     durchmessern (Zoellyturbine),
  b) das Verfahren für Turbinen mit zunehmenden Raddurch-
     messern (Rateauturbinen),

wobei unter Raddurchmesser immer der Abstand der Schaufelmittel,
gemessen auf einem Durchmesser, zu verstehen ist, gleichgültig ob
die Turbine mit Trommeln oder Scheiben ausgeführt wird.

Für alle Berechnungen wird als gegeben vorausgesetzt:

  1. der Dampfzustand vor dem 1. Düsen- bzw. Leitapparat
     (durch Anfangsdruck p_1 und Temperatur t_1 bzw. spez. Dampf-
     menge x_1),
  2. der Kondensatordruck p_2,
  3. die indizierte Leistung oder auch die effektive Leistung der
     Turbine, N_i bzw. N_e,
  4. die Stufenzahl s.

Bei einer Dampfturbine versteht man unter indizierter Leistung
die von dem Dampf an die Schaufeln übertragene Arbeit, ähnlich
wie man bei Kolbendampfmaschinen die vom Dampf auf die Kolben
übertragene Arbeit, die aber hier wirklich mit dem Indikator gemessen werden kann, als indizierte Arbeit bezeichnet[1].

Ist N_i etwa als Normalleistung gegeben, die um einen gewissen
Prozentsatz überschreitbar sein soll (ohne Verwendung eines »Überlastungsventils«), so muß die Querschnittsberechnung für die maximale
Dampfmenge bzw. maximale Leistung vorgenommen werden, und
als Anfangsdruck ist der vor der Turbine gegebene Druck zu verwenden. Bei der Normalleistung wird dann der Dampf vor Eintritt
in den 1. Leit- oder Düsenapparat gedrosselt, wodurch neben einer
einfachen Regulierungsmöglichkeit noch der weitere Vorteil erhalten wird, daß das spezifische Dampfvolumen am Anfang der Turbine sich vergrößert. Würde man auch für die maximale Leistung
noch gedrosselten Dampf vorsehen, dann hätte man insbesondere

---

[1] Über die Bestimmung der indizierten Arbeit bei ausgeführten, im Betriebe
sich befindenden Dampfturbinen siehe Z. d. V. D. I. 1906: »500 KW-Dampfturbine
von Melms & Pfenninger«, Prof. Dr. M. Schroeter.

bei kleinen Leistungen den Vorteil, daß man bereits in den ersten Stufen größere Querschnitte zur Ausführung bringen könnte, und damit wäre eine größere Beaufschlagung bzw. bei Überdruckturbinen ein günstigeres Verhältnis der Spaltdicke zur Schaufellänge erreicht. Beides ist von bedeutendem Einfluß auf den Wirkungsgrad der Turbine, und es scheint, daß die Verbesserung des Wirkungsgrades durch die Drosselung den damit bedingten Verlust an Wärmegefälle bei weitem aufwiegt, nachdem alle vielstufigen Turbinen mit Drosselregulierung gebaut werden. Trotzdem durch die Drosselung der Wärmeinhalt des Dampfes nicht verändert wird, erleidet der Arbeitsprozeß dadurch doch einen Verlust, daß die Arbeitsfähigkeit des Dampfes durch die Drosselung herabgedrückt wird. Im kurzen sei an einem Beispiel gezeigt, in welchem Maße dies der Fall ist:

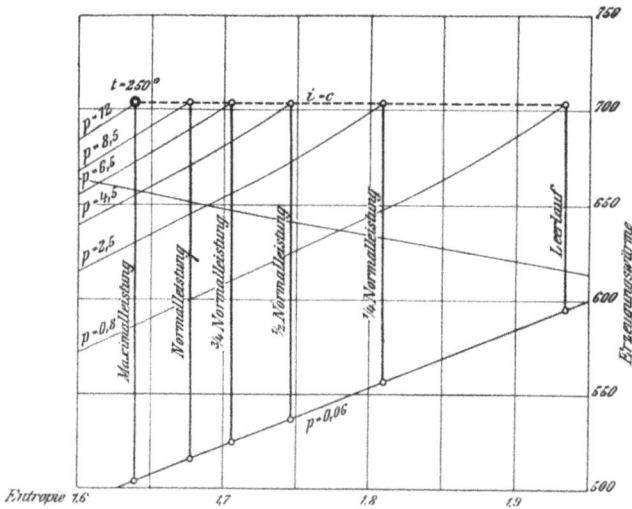

Fig. 1.
Mollier: J-S Diagramm.

Vor einer Turbine sei Dampf von 12 Atm. zur Verfügung; kommt der Dampf mit diesem Druck vor das 1. Leitrad, so wird die Turbine ihre maximale Leistung entwickeln. Bei der Normalleistung, welche zu $2/3$ der maximalen vorausgesetzt werden möge, sei ein Anfangsdruck von 8,5 Atm., bei $3/4$, $1/2$, $1/4$ der Normalbelastung seien der Reihe nach 6,5, 4,5, 2,5 Atm., bei Leerlauf 0,8 Atm. Anfangsdruck bei 0,06 Atm. abs. Kondensatorspannung angenommen. Für diese Verhältnisse ergibt sich nachstehende Tabelle:

1*

		Max. Belast. 150%	Norm. Belast. 100%	³/₄ N. 75%	¹/₂ N. 50%	¹/₄ N. 25%	Leer- lauf —
Erzeugungswärme für den Anfangs- zustand			= 704 cal. (t = 250° bei 12 Atm.)				
Adiabatisches Wärmegefälle bis	Kal.	200	188	179	167	147	109
zum gegebenen Gegendruck	%	100	94	89	83	74	55
Verlust an Wärmegefälle durch	Kal.	0	12	21	33	53	91
die Drosselung	%	0	6	11	17	26	45
Spezifisches Volumen des ein-	cbm	0,197	0,278	0,364	0,53	0,95	3,00
tretenden Dampfes	%	100	141	185	269	488	1530

Den Zahlen der Tabelle und der dazugehörigen Darstellung auf Figurenblatt 1 (Mollierdiagramm), die für sich selbst sprechen, ist wohl nichts weiter hinzuzufügen. Kennt man im übrigen das Gesetz der Druckänderung bei verschiedenen Belastungen, so steht nichts im Wege, bei der Querschnittsbestimmung der Turbine von einer beliebigen Belastung auszugehen.

Soweit in den folgenden Rechnungen Geschwindigkeitsdreiecke in Frage kommen, werden »die vereinbarten Bezeichnungen für den Turbinenbau« angewendet. (Z. d. V. d. Ing. 1906, S. 1993 und Z. f. d. ges. Turbinenw. 1906, 10. Okt.)

Demnach bedeute:

c_1 in m/sek die abs. Eintrittsgeschwindigkeit in ein Lauf- rad bzw. die abs. Austrittsgeschwindigkeit aus dem zuge- hörigen vorhergehenden Leitrad,

c_2 in m/sek die abs. Austrittsgeschwindigkeit aus den Lauf- rädern bzw. die abs. Eintrittsgeschwindigkeit in das jeweils folgende Leitrad,

w_1 und w_2 in m/sek die entsprechenden Relativgeschwindig- keiten,

c_a oder w_a die entsprechenden Axialgeschwindigkeiten,

u die Umfangsgeschwindigkeit in Mitte der Schaufel ge- messen.

Das »adiabatische Wärmegefälle«, bezogen auf einen ge- gebenen Dampfanfangszustand und einen bekannten Gegen- druck, wird im folgenden immer mit $\varPhi$ bezeichnet sein.

Weiter ist hier und bei den Überdruckturbinen unter
»Stufe« stets ein Paar von Rädern, ein Leitrad und das dazugehörige Laufrad, verstanden, wobei vorausgesetzt wird, daß
im Leitrad eine Expansion vor sich geht.

A. Gleichdruckturbinen mit Scheiben von gleichem Durchmesser.

Das Berechnungsverfahren, welches hier nur für Axialturbinen
entwickelt wird, kann für drei Fälle angewendet werden:

1. für konstante Winkel innerhalb einer Stufenreihe,
2. für konstante Schaufellängen,
3. für konstante Beaufschlagung.

Für die Turbine mit konstanten Schaufelwinkeln wird nur je
ein Geschwindigkeitsdreieck für Eintritt und Austritt bei allen Leit-
und Laufrädern einer Stufenreihe entwickelt.

Im 2. Fall werden die Geschwindigkeitsdreiecke so bestimmt,
daß die Schaufellänge innerhalb einer Stufenreihe bzw. in einem
Leitrad (radial) konstant bleibt.

Im 3. Fall wird gezeigt, wie man bei 1. und 2. nebenher noch
in einfacher Weise konstante Beaufschlagung erhalten kann.

Um eine einfache Übersicht über die Berechnungsmethode zu
geben, soll zuerst der Ansatz für die reibungslose Turbine gezeigt
werden.

I. Mehrstufige „reibungslose“ Gleichdruckturbine.
(Mit konstanten Schaufelwinkeln gerechnet.)

Die »Ein- und Austrittsdreiecke« sämtlicher Lauf- bzw. Leiträder
innerhalb einer Stufenreihe sollen einander gleich sein; damit wird
als Hauptbedingung eingeführt, daß sich in allen Stufen die Geschwindigkeiten gleichmäßig wiederholen. Dies hat zur Folge, daß
in allen Leiträdern gleich viel Wärmegefälle umgesetzt und in allen
Laufrädern gleich viel Arbeit geleistet werden muß. Die einzige Un-
regelmäßigkeit ist beim ersten Leitrad vorhanden, weil in ihm der
Dampf von der Geschwindigkeit Null bzw. von sehr kleiner Geschwindigkeit an beschleunigt werden muß.

Wird an der Eintrittsstelle des 1. Leitapparates die Dampfgeschwindigkeit Null vorausgesetzt, so ergibt sich nach den bekannten
Ableitungen der Thermodynamik bei vollständig adiabatischer Ex-

pansion unter Aufwand eines Wärmegefälles Φ_1 die abs. Austrittsgeschwindigkeit c_1 aus dem 1. Leitrad nach der Gleichung

$$\Phi_1 = \frac{A}{2\,g} \cdot c_1{}^2,$$

welche zum Ausdruck bringt, daß bei reibungsfreier, adiabatischer
Expansion der Wärmewert der lebendigen Kraft eines Kilogramms
Dampf gleich dem zur Erreichung dieser Dampfgeschwindigkeit not-
wendigen Wärmegefälle ist.

A = mechanisches Wärmeäquivalent = $^1/_{427}$; 1 Kalorie = 427 mkg,
g = Erdbeschleunigung = 9,81 m/sek^2).

Man erhält:

$$c_1 = \sqrt{\frac{2\,g}{A} \cdot \Phi_1}.$$

Im 1. Laufrad gibt c_1 mit der Umfangsgeschwindigkeit kom-
biniert die relative Eintrittsgeschwindigkeit w_1, und da auch im
Laufrad keine Reibungsver-
luste auftreten sollen, bleibt
die Relativgeschwindigkeit
längs der Schaufel konstant,
also ist auch beim Austritt
aus dem 1. Laufrad $w_2 = w_1$
(Fig. 2).

Im Geschwindigkeits-
dreieck gibt w_2 mit u vereinigt Größe und Richtung
der abs. Austrittsgeschwindigkeit c_2. Mit dieser Geschwindigkeit wird der Dampf im
folgenden 2. Leitapparat aufgefangen und durch Auf-
wand eines gewissen Wärmegefälles Φ_2 und entsprechender Ausbildung der Leit-

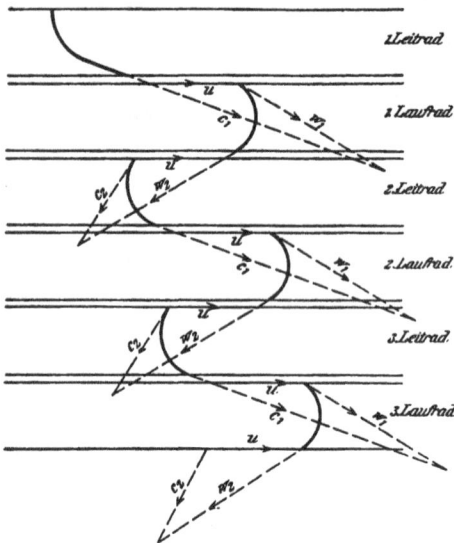

Fig. 2.

radkanäle die abs. Dampfgeschwindigkeit wieder auf den Wert c_1 gebracht, wie beim Austritt aus dem 1. Leitrad, und zwar gilt dafür
die Gleichung

$$\frac{A}{2\,g} \cdot c_2{}^2 + \Phi_2 = \frac{A}{2\,g} \cdot c_1{}^2$$

d. h. der Wärmewert der lebendigen Kraft des Dampfes beim Eintritt in das Leitrad, vermehrt um das umgesetzte Wärmegefälle, gibt
den Wärmewert der lebendigen Kraft des Dampfes beim Verlassen

des Leitrades. Mit der Geschwindigkeit c_1 kommt der Dampf in das 2. Laufrad, und nun wiederholt sich in allen folgenden Stufen die Zu- und Abnahme der absoluten Geschwindigkeiten auf c_1 und c_2 wie in der ersten Stufe.

Es gilt also für das 3. Leitrad wieder die Gleichung

$$\frac{A}{2g} \cdot c_2{}^2 + \Phi_3 = \frac{A}{2g} \cdot c_1{}^2$$

für das 4. Leitrad

$$\frac{A}{2g} \cdot c_2{}^2 + \Phi_4 = \frac{A}{2g} \cdot c_1{}^2$$

etc. etc., endlich für das $s \cdot$ Leitrad

$$\frac{A}{2g} \cdot c_2{}^2 + \Phi_s = \frac{A}{2g} \cdot c_1{}^2.$$

Da in allen Stufen c_2 und c_1 sich mit denselben Absolutwerten wiederholen soll, ergibt sich auch

$$\Phi_2 = \Phi_3 = \Phi_4 = \ldots = \Phi_s = \Phi_n.$$

Addiert man die [angeschriebenen Gleichungen sämtlicher s-Stufen, so erhält man

$$\frac{A}{2g} (s - 1) c_2{}^2 + (\Phi_1 + \Phi_2 + \Phi_3 + \ldots + \Phi_s) = s \cdot \frac{A}{2g} \cdot c_1{}^2$$

oder

$$\frac{A}{2g} (s - 1) c_2{}^2 + (\Phi_1 + [s - 1] \cdot \Phi_n) = s \cdot \frac{A}{2g} \cdot c_1{}^2.$$

Die Summe aller Wärmegefälle ist aber identisch mit Φ_0 zwischen Anfangszustand und Kondensatorspannung

$$\Sigma(\Phi) = \Phi_1 + (s - 1) \Phi_n = \Phi_0.$$

Damit wird die Hauptgleichung des Verfahrens

$$\frac{A}{2g} \cdot s \cdot c_1{}^2 = \frac{A}{2g} (s - 1) c_2{}^2 + \Phi_0 \quad \ldots \ldots \ldots \quad (1)$$

bzw. nach c_1 aufgelöst

$$c_1 = \sqrt{\left(\frac{s - 1}{s}\right) c_2{}^2 + \frac{2g \cdot \Phi_0}{A \cdot s}}.$$

Ist die Stufenzahl und das totale Wärmegefälle gegeben, so enthält die Gleichung (1) zwei Unbekannte: c_1 und c_2 und stellt dann die Gleichung einer Hyperbel vor. c_1 kann nicht beliebig klein genommen werden, ein Wert c_1 gibt $c_2 = 0$, und zwar

$$(c_1)_{\min} = \sqrt{\frac{2g \cdot \Phi_0}{A \cdot s}}.$$

Dagegen kann c_1 beliebig größer gewählt werden, als der vorstehende Ausdruck angibt. Aber damit wird c_2 um so größer und wegen des auch bei der reibungsfreien Turbine vorhandenen Austrittsverlustes der Wirkungsgrad um so schlechter.

Passiert die Turbine pro Sekunde 1 kg Dampf, dann ist die pro Laufrad abgegebene Arbeit in Kal.

$$= \frac{A}{2g} \cdot (c_1{}^2 - c_2{}^2)$$

für s-Stufen entsprechend

$$A L_i = \frac{A}{2g} \cdot s \cdot (c_1{}^2 - c_2{}^2) = \Phi_0 - \frac{A}{2g} \cdot c_2{}^2.$$

Bildet man das Verhältnis der an die Schaufeln übergegangenen Arbeit zu dem Arbeitswert des zur Verfügung stehenden Wärmegefälles, so erhält man den »indizierten Wirkungsgrad« der Turbine:

$$\eta_i = \frac{A L_i}{\Phi_0} = \frac{\Phi_0 - \dfrac{A}{2g} \cdot c_2{}^2}{\Phi_0} = \frac{s\,(\Phi_0 - \Phi_1)}{(s-1)\,\Phi_0} = \frac{s \cdot \Phi_n}{\Phi_0} . \quad . \quad . \quad (2)$$

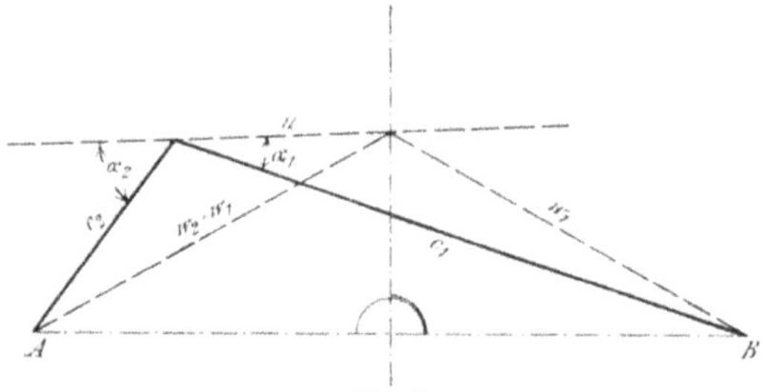

Fig. 3.

Bezogen auf c_2 und c_1 ist die Gleichung von η_i eine Parabel, je größer c_2 und c_1 angenommen werden, desto kleiner wird der Wirkungsgrad. Bei gleichem c_2 ist η_i unabhängig von der Stufenzahl, der Umfangsgeschwindigkeit bzw. den Dreieckswinkeln.

Die Verwendung der Formeln kann auf verschiedene Weise stattfinden. Es kann η_i angenommen werden und c_2 aus Gleichung (2) berechnet werden, oder man wählt ohne weiteres einen Wert c_2 und berechnet dazu aus Gleichung (1) die absolute Geschwindigkeit c_1.

Wenn die Richtungen für c_1 und c_2 vorgechrieben, könnten zwei Seiten im Geschwindigkeitsdiagramm eingetragen werden (Fig. 3). Die Umfangsgeschwindigkeit ist noch nicht bekannt, doch kann sie eindeutig konstruiert werden mit der Bedingung, daß die relative

Eintritts- gleich der relativen Austrittsgeschwindigkeit sein muß. Zieht man über AB die Mittelsenkrechte, so schneidet diese auf der Richtung von u deren Größe ab und damit sind auch die relativen Geschwindigkeiten bestimmt.

Statt der Richtungen von c_1 und c_2 kann auch noch anderes vorgeschrieben werden z. B.

α_1 und u, dann muß α_2 konstruiert werden, oder α_2 und u, dann ist α_1 zu ermitteln, oder das Verhältnis der Axialgeschwindigkeiten $\frac{c_2{}^a}{c_1{}^a}$ und die Richtung von c_1 oder c_2 etc. etc.

Wie nun auch die Dreiecke entwickelt werden mögen, der indizierte Wirkungsgrad η_i bleibt in allen Fällen nur abhängig von c_2, η_i ist überall dasselbe, wenn c_2 in verschiedenen Fällen gleich (natürlich gleiches Φ_0 vorausgesetzt).

Zustandsänderung.

Da sie ohne Reibungsverluste und ohne äußere Wärmezu- und abfuhr vorausgesetzt wurde, hat man eine adiabatische Expansion vor sich.

Für die Entwicklung der Zustandsänderung soll nur das Mollier-J-S-Diagramm angewendet werden, das sich als überaus nützlich und wertvoll gerade bei den Dampfturbinenberechnungen erwiesen hat.

Im Mollierdiagramm sind bekanntlich wie im gewöhnlichen Wärmediagramm (Temperatur-Entropie-Diagramm oder T-S-Diagramm) als Abszissen die Entropie und im Gegensatz zum Wärmediagramm als Ordinaten statt der Temperaturen die »Erzeugungswärmen« aufgetragen.

Im Diagramm sind gezeichnet:
1. Kurven konstanten Druckes,
2. » konstanter Temperatur im Überhitzungsgebiet,
3. » » spez. Dampfmenge im Sättigungsgebiet.

Sind von den fünf genannten Größen (inklusive Entropie und Erzeugungswärme) zwei bekannt, dann können die übrigen drei ohne weiteres aus dem Diagramm bestimmt werden.

Da für die Rechnungen der Dampfanfangszustand (gegeben durch Druck p_1 und Temperatur t_1 bzw. spez. Dampfmenge x_1), und der Kondensatordruck p_2 als bekannt vorausgesetzt werden, kann man mit diesen Angaben dem Mollier-Diagramm das adia-

batische Wärmegefälle Φ_0 entnehmen, indem man den Schnittpunkt
der p_1 mit der t_1-Kurve aufsucht und die Größe der Adiabate von
diesem Punkt aus bis zur Gegendrucklinie bestimmt. Man erhält
damit

$$\Phi_0 = i_1 - i_2.$$

War die Stufenzahl gegeben und hat man sich für einen Wert c_2
entschieden, so kann aus Gleichung 1 die absolute Dampfgeschwindigkeit c_1 beim Austritt aus den Leiträdern be-
rechnet werden. Damit erhält man auch das
Wärmegefälle für die 1. Stufe

$$\Phi_1 = \frac{A}{2g} \cdot c_1^2$$

für die 2. und alle folgenden Stufen zu

$$\Phi_2 = \Phi_3 = \cdots = \Phi_s = \Phi_n = \frac{A}{2g}(c_1^2 - c_2^2).$$

Trägt man die Werte Φ_1 und $(s-1)$. Φ_n auf
Φ_0 ab (Fig. 4), so ergeben die Teilpunkte die
Zustände bei Eintritt und Austritt der Leiträder:

Punkt 1: Dampfzustand vor dem 1. Leitrad,

Punkt 2:   »   beim Austritt aus
dem 1. und Eintritt in das 2. Leitrad bzw. im 1. Laufrad,

Punkt 3: Dampfzustand beim Austritt aus
dem 2. und Eintritt in das 3. Leitrad bzw. im 2. Laufrad etc. etc.

Man entnimmt dem Mollier-Diagramm p und
t, wenn der Dampf überhitzt, bzw. p und x,
wenn der Dampfzustand im Sättigungsgebiet ist.

Hat man aber Druck und Temperatur
bzw. die spezifische Dampfmenge von irgendeinem Zustand, dann kann als weitere wesent-
liche Größe das spezifische Dampfvolumen
nach einer der bekannten Zustandsgleichungen für Wasserdampf gerechnet werden. (Zeuner, Weyrauch, Callendar etc.)

Die Callendarformel

$$v = 0{,}001 + 47 \cdot \frac{T}{p} - \mathfrak{B},$$

die in den »Neuen Tabellen und Diagrammen für Wasserdampf«

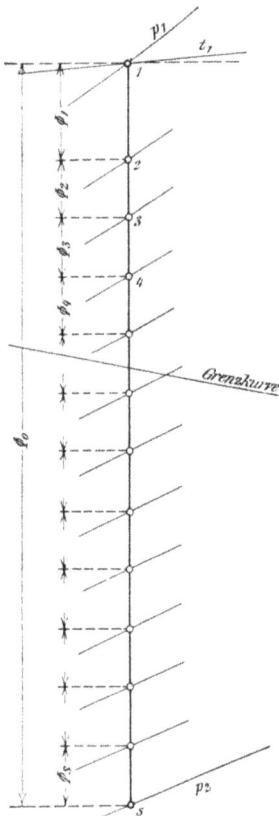

Fig. 4.

von Dr. R. Mollier mitgeteilt ist, kann zur Anwendung sehr empfohlen werden, weil die Molliertabellen das Glied

$$\mathfrak{B} = 0{,}075 \left(\frac{273}{T}\right)^{\frac{10}{3}}$$

abhängig von den Temperaturen ausgerechnet enthalten.

Für gesättigten Dampf ist v zu berechnen aus

$$v = x \cdot u + \sigma$$

und u den Tabellen für Wasserdampf zu entnehmen.

Das P-V-Diagramm der Mollierschen Ausgabe ist zum Gebrauch weniger geeignet, weil der Maßstab insbesondere bei kleinen Pressungen nicht genügt, es wäre notwendig, das P-V-Diagramm in mehrere Teile mit verschiedenen Maßstäben aufzuteilen.

Die spezifischen Volumen sind zur Querschnittsberechnung der Turbine notwendig.

Ist die Normalleistung der Turbine bekannt bzw. die Leistung angenommen, bei welcher die der Rechnung zugrunde gelegten Pressungen eintreten sollen und sind die bisher besprochenen Rechnungen für 1 kg sekundlicher Dampfmenge durchgeführt, so erhält man mit dem Wirkungsgrad η_i, dem Wärmegefälle Φ_0 und der indizierten Leistung N_i den Dampfverbrauch der Maschine pro 1 PS_i und Stunde

$$D_i = \frac{\text{Wärmeäquivalent von 1 PS pro Stunde}}{\text{pro 1 kg Dampf in ind. Arbeit umgesetzte Wärme}}$$

$$= \frac{632{,}3}{\eta_i \cdot \Phi_0} = \frac{632{,}3}{A L_i}.$$

Wenn das J-S-Diagramm der Austrittsverlust beim letzten Laufrad eingezeichnet wird, kann $A \cdot L_i$ auch dem Diagramm entnommen werden, denn

$$A \cdot L_i + \frac{A}{2g} c_2{}^2 = \Phi_0.$$

Der Dampfverbrauch pro Stunde ergibt sich zu

$$D = N_i \cdot D_i = \frac{632{,}3 \cdot N_i}{\eta_i \cdot \Phi_0},$$

der Dampfverbrauch pro Sekunde zu

$$G = \frac{D}{3600} = \frac{632{,}3 \cdot N_i}{3600 \cdot \eta_i \cdot \Phi_0} = \frac{N_i}{5{,}7 \cdot A L_i},$$

schließlich der Wärmeverbrauch ab 0° C pro PS_i und Stunde zu

$$W_i = \frac{632{,}3}{\eta_i \cdot \Phi_0} \cdot i_1.$$

Im Beharrungszustand muß bei der Dampfbewegung durch die Leitradkanäle der Turbine in jedem Querschnitt die Kontinuitätsgleichung erfüllt sein:

$$F_1 \cdot c_1 = G \cdot v_1; \quad F_2 \cdot c_2 = G \cdot v_2;$$

etc. etc.

Dabei bedeutet:

F den betrachteten Querschnitt in m²,

c die Dampfgeschwindigkeit in m/sek., senkrecht zu diesem Querschnitt,

G das sekundlich durch diesen Querschnitt strömende Dampfgewicht in kg,

v das spezifische Dampfvolumen in cbm/kg im gleichen Querschnitt.

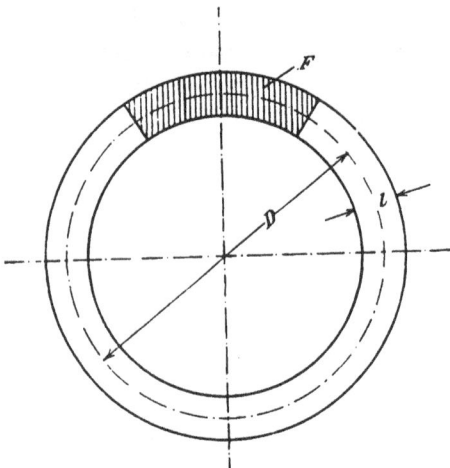

Fig. 5.

Nun ist bei den axialen Gleichdruckturbinen auch am einfachsten mit den »Axial-Querschnitten« der Kanäle (Durchflußquerschnitt senkrecht zur Achse) zurechnen, und es genügt immer, von diesen nur die Querschnitte bei Eintritt und Austritt der Leiträder zu bestimmen.

Ist D der Raddurchmesser, l die Schaufellänge, dann wird bei voller Beaufschlagung eines Leitrades dessen Axialquerschnitt

$$F_o = D \cdot \pi \cdot l.$$

Bei den Druckturbinen muß im allgemeinen partielle Beaufschlagung ausgeführt werden, es wird gemäß Fig. 5 nur ein gewisser Teil des zur Verfügung stehenden Querschnittes F_o benutzt, und zwar sei der Prozentsatz »ε« als die Beaufschlagungsziffer bezeichnet:

$$F = \varepsilon \cdot F_o = \varepsilon \cdot D \cdot \pi \cdot l.$$

Ist die Tourenzahl aus irgendwelchen Erwägungen vorgeschrieben, so kann der Raddurchmesser mit der Umfangsgeschwindigkeit u aus dem Geschwindigkeitsdiagramm gerechnet werden:

$$D = \frac{60 \cdot u}{\pi \cdot n} \text{ in } m.$$

Schließlich kann für jedes Leitrad aus der vorletzten Gleichung mit angenommenen ε die zugehörige Schaufellänge l und umgekehrt gerechnet werden; im allgemeinen muß sie für Ein- und Austritt besonders gerechnet werden.

2. Mehrstufige Gleichdruckturbinen mit Reibungsverlusten gerechnet.

Zustandsänderung in den Leiträdern.

Die Reibungsverluste in den Leiträdern sollen durch einen Koeffizienten φ eingeführt werden, mit dem das pro Leitrad zur Verfügung stehende Wärmegefälle multipliziert werden muß, damit der durch Reibung entstehende Energieverlust erhalten wird. Um diesen Verlust ist die der absoluten Dampfgeschwindidkeit beim Leitradaustritt entsprechende Energie kleiner.

Ist z. B. die absolute Eintrittsgeschwindigkeit in ein Leitrad c_2 und es soll in ihm das adiabatische Wärmegefälle Φ zur Erhöhung der absoluten Geschwindigkeit aufgewendet werden, so würde sich die absolute Austrittsgeschwindigkeit c_1 aus der Energiegleichung ergeben

$$\frac{A}{2g} \cdot c_2{}^2 + \Phi = \frac{A}{2g} \cdot c_1{}^2 + \varphi \cdot \Phi$$

oder in anderer Form geschrieben, wie sie später öfter gebraucht werden soll

$$\frac{A}{2g} \left(c_1{}^2 - c_2{}^2\right) = (1 - \varphi)\, \Phi.$$

Im allgemeinen wird $c_1 > c_2$ sein, dann bedeutet φ eine Zahl kleiner als 1; wenn Stauungen und Drosselungen in den Leitrad-kanälen auftreten, kann im Maximum φ gleich 1 werden.

Wie sich später zeigen wird, ermöglicht der Wert φ eine sehr einfache Berechnung der mehrstufigen Turbinen.

Das pro Leitrad zur Verfügung stehende adiabatische Wärme-gefälle Φ zwischen zwei Drucklinien ergibt sich aus dem Mollier-diagramm als der bei konstanter Entropie gemessene Abstand dieser Linien bzw. als Differenz zweier Erzeugungswärmen

$$\Phi = i_1 - i_2$$

wenn i_1 die Erzeugungswärme beim Eintritt,

i_2 » » » Austritt

aus dem betrachteten Leitrad bedeutet.

Wenn die Annahme zulässig ist, daß die durch die Widerstände hervorgerufene Reibungswärme in ihrem ganzen Betrag nur an den strömenden Dampf übergeht, so muß beim Austritt aus dem Leitrad die Erzeugungswärme $i_2{}'$ um den Verlust $\varphi \cdot \Phi$ größer sein als i_2

$$i_2{}' = i_2 + \varphi \cdot \Phi.$$

Soweit sich die bisher bekannt gewordenen Versuche an Dampfturbinen in dieser Beziehung verfolgen lassen, trifft die gemachte Annahme jedenfalls sehr gut zu, so daß ihrer Verwendung nichts im Wege steht.

Der Dampfzustand beim Austritt aus dem Leitrad wird also gefunden, indem man im Mollierdiagramm (s. Fig. 6) auf der Drucklinie p jenen Punkt sucht, der die Erzeugungswärme

$$i_2' = i_2 + \varphi \cdot \Phi$$

besitzt, bzw. man ermittelt jenen Punkt auf der Drucklinie p_2, der um $\varphi \cdot \Phi$ höher liegt als der Schnittpunkt mit der Adiabate.

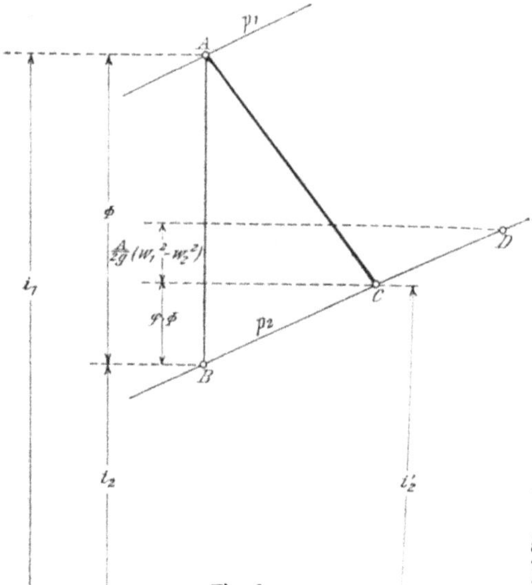

Es ist am einfachsten und praktisch auch vollständig genügend, den Verlustkoeffizienten für die Expansion innerhalb eines Leitrades konstant anzunehmen; durch Wiederholung der vorstehend durchgeführten Betrachtung für beliebige Zwischenpressungen p ergibt sich für konstantes φ innerhalb eines Leitrades fast genau eine gerade Linie im Mollierdiagramm, indem die geringe Divergenz der Drucklinien innerhalb des kleinen Wärmegefälles eines Leitrades ziemlich ohne Einfluß bleibt.

Fig. 6.
Mollier: J-S Diagramm.

Ist umgekehrt durch einen Versuch der Dampfzustand bei Ein- und Austritt eines Leitrades bestimmt worden, so kann durch Aufsuchen der entsprechenden Punkte im Mollierdiagramm der Verlustkoeffizient φ berechnet werden, unabhängig von der Kenntnis der Geschwindigkeiten (aber doch neben anderen Umständen von diesen beeinflußt). Es könnten die auf diese Weise erhaltenen Koeffizienten die Grundlagen für die Neuberechnung von Maschinen bilden, insbesondere dann, wenn durch Variation der verschiedenen Einflüsse die Abhängigkeit des Wertes φ vollständig ermittelt ist.

Da in der Literatur leider nur wenig diesbezügliches Material zur Verfügung steht, ist man mehr oder weniger auf Schätzungen angewiesen; $\varphi = 0{,}20$ bis $0{,}05$ scheinen Grenzwerte zu sein.

Zustandsänderung in den Laufrädern.

Sie wird im allgemeinen bei konstantem Druck vor sich gehen. Ist w_1 die relative Dampfeintrittsgeschwindigkeit eines Laufrades, w_2 die entsprechende Austrittsgeschwindigkeit, so würde sich, im Fall der Dampf das Laufrad ohne Reibungswiderstände passiert, die Relativgeschwindigkeit nicht ändern; andernfalls wird durch die auftretenden Widerstände die relative Austrittsgeschwindigkeit kleiner als die Eintrittsgeschwindigkeit geworden sein, etwa

$$w_2 = \psi \cdot w_1, \text{ wobei } \psi < 1.$$

Der Verlust an Energie der Relativbewegung ist

$$\frac{A}{2g}(w_1{}^2 - w_2{}^2) = \frac{A}{2g}(1 - \psi^2) \cdot w_1{}^2 = \frac{A}{2g}\left(\frac{1-\psi^2}{\psi^2}\right) \cdot w_2{}^2$$

und von ihm soll angenommen werden, daß er als Wärme vollständig an den Dampf übergegangen ist und den Wärmeinhalt beim Austritt gegenüber jenem beim Eintritt in das Laufrad bei konstantem Druck entsprechend vergrößert. (Siehe Fig. 6 v. S. 14.)

Die vollständige Zustandsänderung in einer Stufe setzt sich demnach zusammen: aus einer Expansionslinie AC (Polytrope) im Leitrad und einer Kurve konstanten Druckes CD im Laufrad, und schließlich ergibt sich die Zustandsänderung in einer ganzen Stufenreihe aus der wiederholten Aneinanderreihung dieser beiden Einzeländerungen.

a) Mehrstufige Gleichdruckturbine mit konstanten Schaufelwinkeln in einer Stufenreihe.

Genau so wie bei der Berechnung der reibungsfreien Turbine »mit konstanten Schaufelwinkeln in den Leit- und Laufrädern einer Stufenreihe« folgt aus dieser Feststellung, daß sich auch die Geschwindigkeiten in allen Stufen wiederholen müssen, da nach der Einführung der Bezeichnung »Stufenreihe« alle Stufen mit der gleichen Umfangsgeschwindigkeit arbeiten sollen. Wenn aber die Geschwindigkeiten in allen Laufrädern dieselben sind, wird in jedem gleichviel Arbeit geleistet und ebenso wird in allen Leiträdern mit Ausnahme des ersten gleichviel Wärmegefälle in Geschwindigkeit umgesetzt.

Die für die reibungsfreie Turbine angeschriebenen Gleichungen sind hier also nur mit Einführung des Verlustkoeffizienten φ anzusetzen; die Verluste in den Laufrädern kommen hier nicht in Betracht.

Es wird für das

1. Leitrad $\dfrac{A}{2g} \cdot c_1^2 \qquad = (1 - \varphi)\, \Phi_1$

2. » » $\dfrac{A}{2g}\,(c_1^2 - c_2^2) = (1 - \varphi)\, \Phi_2$

3. » » $\dfrac{A}{2g}\,(c_1^2 - c_2^2) = (1 - \varphi) \cdot \Phi_3$

- - - - - - - - - - - - - - - - - -

s-Leitrad $\dfrac{A}{2g}\,(c_1^2 - c_2^2) = (1 - \varphi) \cdot \Phi s,$

wobei $\Phi_2 = \Phi_3 = \ldots \Phi s = \Phi n$ ist.

Denkt man sich die Gleichungen für alle s-Leiträder angeschrieben und addiert, so erhält man

$$\frac{A}{2g}\,(s \cdot c_1^2 - (s-1)\,c_2^2) = (1 - \varphi)\,\Sigma\,(\Phi).$$

Hier ist nun $\Sigma\,(\Phi)$ nicht gleich dem zwischen den gegebenen
Druckgrenzen vorhandenen, adiabatischen Wärmegefälle Φ_0, weil die
Teilwärmegefälle nicht auf einer und derselben Adiabate liegen.

Wie sich bei der Ermittlung der Zustandsänderung einer Stufen-
reihe ergeben hat, gehören zu den Teilwärmegefällen Φ_1, Φ_2, $\Phi_3 \ldots$ etc.
zunehmende Entropiewerte und weil das Wärmegefälle zwischen
zwei Drucklinien mit zunehmender Entropie wächst (wovon man
sich durch einfache Anschauung des Mollierdiagramms überzeugen
kann), so ist die Summe aller Teilwärmegefälle größer wie das auf
der Ausgangsdiabate zur Verfügung gestellte Totalgefälle. Damit
nun $\Sigma\,(\Phi)$ doch auf Φ_0 bezogen werden kann, werde ein Faktor μ
eingeführt, der in dem Unterschied gegenüber 1 den Betrag der
wiedergewonnenen Verlust- bzw. Reibungswärme vorstellt.

$$\Sigma\,(\Phi) = \mu \cdot \Phi_0$$

Ersetzt man $\Sigma\,(\Phi)$, so erhält man als Hauptgleichung:

$$\frac{A}{2g}\,(s \cdot c_1^2 - (s-1)\,c_2^2) = (1 - \varphi) \cdot \mu \cdot \Phi_0 \quad \ldots \ldots \quad (3)$$

Neu hinzugekommen sind gegenüber der früheren Gleichung
nur die Faktoren $(1 - \varphi)$ und μ, die für einen gegebenen Fall als konstante Größen zu betrachten sind. Der Wert μ ist für die verschiedensten Verhältnisse eindeutig bestimmt, ist aber für die rechnerische Ermittlung unzugänglich. Je nach den gewählten Verlustkoeffizienten φ und ψ und den Teilwärmegefällen Φ gilt für μ ein
anderer Wert. Eine genaue graphische Ermittlung von μ bleibt vor-
behalten; bei den bisherigen Rechnungen des Verfassers wurde μ
zwischen 1,02 und 1,05 als brauchbar befunden.

Über den Einfluß des Wertes μ auf die ganze Berechnung werden bei der Vorführung des Rechnungsganges weitere Angaben gemacht.

Die Gleichung 3 enthält wieder die beiden absoluten Geschwindigkeiten c_1 und c_2 einer Hyperbelfunktion. Deshalb kann auch hier c_1 einen gewissen Minimalwert nicht unterschreiten, der sich aus der Gleichung für $c_2 = 0$ ergibt zu

$$(c_1)_{\min} = \sqrt{\frac{2g}{A} \cdot \frac{(1 - \varphi) \cdot \mu \cdot \Phi_0}{s}}.$$

Der Rechnungsgang für die »Turbine mit Berücksichtigung der Reibungsverluste« stellt sich nun wie folgt:

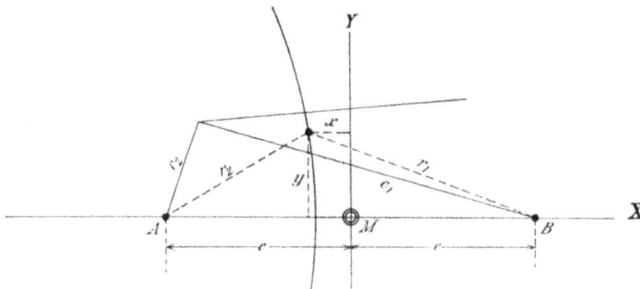

Fig. 7.

c_2 ist anzunehmen und dann aus der Hauptgleichung c_1 zu berechnen. Wird die Richtung von c_1 und c_2 festgelegt, so ergibt sich mit der Bedingung

$$w_2 = \psi \cdot w_1$$

eindeutig die Umfangsgeschwindigkeit u, indem man zwischen den beiden Punkten A und B eine Kurve einzeichnet, deren Punkte in ihren Entfernungen von A und B das Abstandsverhältnis ψ haben.

Es kann leicht gezeigt werden, daß der geometrische Ort dieser Punkte ein Kreis ist, dessen Bestimmungsgrößen sich mit dem Beweis ergeben:

Denkt man sich die Linie AB als Abscissenachse eines Koordinatensystems und die Mittelsenkrechte zwischen A und B als Ordinatenachse, so ergeben sich für einen beliebigen Punkt xy der gesuchten Kurve die Gleichungen

$$r_1^2 = (e + x)^2 + y^2; \quad r_2^2 = (e - x)^2 + y^2; \quad \frac{r_2}{r_1} = \psi.$$

Durch Kombination der drei Gleichungen erhält man

$$x^2 + y^2 - 2ex\left(\frac{1+\psi^2}{1-\psi^2}\right) + e^2 = 0$$

d. i. aber die Gleichung eines Kreises, die sich auch schreiben läßt

$$\left(x - \left(\frac{1+\psi^2}{1-\psi^2}\right)\cdot e\right)^2 + y^2 - e^2\left(\left(\frac{1+\psi^2}{1-\psi^2}\right)^2 - 1\right) = 0$$

d. h. der Mittelpunkt des Kreises ist um

$$a = \frac{1+\psi^2}{1-\psi^2}\cdot e$$

von M entfernt und sein Radius ist

$$R = e\sqrt{\left(\frac{1+\psi^2}{1-\psi^2}\right)^2 - 1}$$

Der Schnittpunkt des Kreises mit der Richtung von u bestimmt die Größe der Umfanggeschwindigkeit, und damit werden auch die

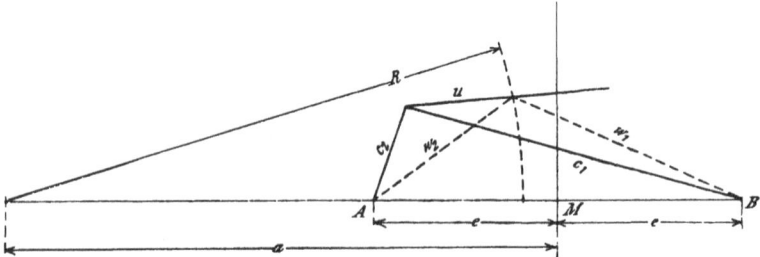

Fig. 8.

beiden Relativgeschwindigkeiten erhalten. Bezüglich der Verwendung der Kreiskonstruktion ist durch Fig. 8 darauf aufmerksam zu machen, daß für Werte von $\psi > 0{,}80$ die Radien R bereits sehr groß werden und im allgemeinen der dazu gehörige Mittelpunkt unzugänglich sein wird. Deshalb ist es meistens praktischer, u durch Probieren solange zu verändern, bis die Relativgeschwindigkeiten das richtige Verhältnis haben.

Natürlich sind für die Konstruktion der Dreiecke noch andere Kombinationen möglich; wie bei der reibungsfreien Turbine können an Stelle der beiden Winkel α_1 und α_2 für die abs. Geschwindigkeiten irgend zwei andere Bestimmungsgrößen vorgeschrieben werden.

Sind die Geschwindigkeitsdreiecke festgelegt, so kann die pro 1 kg sekundlicher Dampfmenge in einem Laufrad geleistete Arbeit berechnet werden; sie ergibt sich aus der Änderung der Energie der absoluten und relativen Dampfgeschwindigkeiten zu

$$\frac{A}{2g}\left[(c_1{}^2 - c_2{}^2) - (w_1{}^2 - w_2{}^2)\right].$$

Für s Laufräder entsprechend

$$AL_i = \frac{A}{2g}\left[(c_1{}^2 - c_2{}^2) - (w_1{}^2 - w_2{}^2)\right] \cdot s.$$

Oder anders entwickelt, ist die geleistete Arbeit auch gleich der Summe] aller Einzelwärmegefälle, vermindert um die Summe aller Verluste in den Leit- und Laufrädern und den Austrittsverlust des letzten Laufrades.

$$AL_i = \mu \cdot \Phi_o - (\varphi \cdot \Phi_1 + \varphi \cdot \Phi_2 + \ldots + \varphi \cdot \Phi_x) - \frac{A}{2g} \cdot s(1 - \psi^2) \cdot w_1{}^2 - \frac{A}{2g} \cdot c_2{}^2$$

$$= \mu \cdot \Phi_o - \varphi \cdot \Phi_o - \frac{A}{2g}(s(1 - \psi^2) w_1{}^2 + c_2{}^2)$$

$$= (\mu - \varphi)\,\Phi_o - \frac{A}{2g}(s \cdot (1 - \psi^2)\,w_1{}^2 + c_2{}^2).$$

Bezieht man die Verluste in den Laufrädern auf die relative Austrittsgeschwindigkeit w_2, dann wird

$$AL_i = (\mu - \varphi)\,\Phi_o - \frac{A}{2g}\left(s \cdot \frac{1 - \psi^2}{\psi^2} \cdot w_2{}^2 + c_2{}^2\right).$$

Wenn $\mu = 1$, $\varphi = 0$ und $\psi = 1$, gehen die Gleichungen in jene der reibungsfreien Turbine über.

Die Arbeitsgleichungen sind auch hier, abgesehen von den drei Verlustkoeffizienten, nur abhängig von dem gewählten c_2; die Größen w_1 und w_2, die noch in den Gleichungen vorkommen, lassen sich nämlich als Funktionen von c_2 darstellen, wie es auch aus der eindeutigen Konstruktion der Geschwindigkeitsdreiecke hervorgeht.

Die rechnerische Darstellung dieser Beziehung zwischen AL_i bezw. η_i und c_2 führt auf sehr lange und deshalb unbrauchbare Gleichungen, so daß auch die rechnerische Bestimmung der günstigsten Verhältnisse unterbleiben soll.

Zur Ermittlung des Wertes η_i soll immer die Gleichung

$$\eta_i = \frac{AL_i}{\Phi_o} = \frac{A}{2g} \cdot s \cdot \frac{(c_1{}^2 - c_2{}^2) - (w_1{}^2 - w_2{}^2)}{\Phi_o}$$

verwendet werden.

Durch verschiedene Annahmen für c_2 läßt sich nach dem bisher Entwickelten durch mehrmalige Konstruktion von Geschwindigkeitsdreiecken die Wirkungsgradkurve Punkt für Punkt ganz einfach entwickeln, da nur einfache Gleichungen und Konstruktionen in Frage kommen. Aus dem Verlauf der η_i-Kurve kann schließlich das günstigste c_2 ermittelt werden.

Aufzeichnen der genauen Zustandsänderung.

Sind die Geschwindigkeitsdreiecke definitiv festgelegt, so berechne man:

das Wärmegefälle der 1. Stufe

$$\Phi_1 = \frac{A}{2g} \cdot \frac{c_1^2}{(1-\varphi)}.$$

das Wärmegefälle der 2. und aller folgenden Stufen

$$\Phi_2 = \Phi_3 = \ldots = \Phi_s = \frac{A}{2g} \cdot \frac{c_1^2 - c_2^2}{(1-\varphi)}$$

und schließlich

den Verlust im 1. Leitrad: $\varphi \cdot \Phi_1$,

» » » 2. und allen folgenden Leiträdern:

$$\varphi \cdot \Phi_2 = \varphi \cdot \Phi_3 = \ldots \varphi \cdot \Phi_s,$$

den Verlust in den Laufrädern nach Seite 15

$$= \frac{A}{2g} \cdot (w_1^2 - w_2^2) = \frac{A}{2g}(1-\psi^2)\,w_1^2 = \frac{A}{2g}\frac{(1-\psi^2)}{\psi^2} \cdot w_2^2,$$

den Austrittsverlust: $\frac{A}{2g} \cdot c_2^2$.

Mit den angegebenen Werten kann die Zustandsänderung im Molierdiagramm gezeichnet werden.

Der Ausgangspunkt A ist durch Druck p_1 und Temperatur t_1 vor dem 1. Leitrad festgelegt. Von diesem Punkt aus ist nach abwärts das adiabatische Wärmegefälle Φ_1 im 1. Leitrad abzutragen, um den Druck beim Austritt zu erhalten; auf der Drucklinie suche man nun zur Berücksichtigung der Verluste im 1. Leitrad jenen Punkt C, der eine um $\varphi \cdot \Phi_1$ größere Erzeugungswärme hat als Punkt B. Linie AC gibt dann die Zustandsänderung im 1. Leitrad.

Den Zustand beim Austritt aus dem 1. Laufrad erhält man im Punkte D, der um die Verlustwärme im 1. Laufrad $\frac{A}{2g}(w_1^2 - w_2^2)$ höher liegt als C.

An D reiht sich das adiabatische Wärmegefälle Φ_2 der 2. Stufe bis zum Punkt E, damit ist der Druck im 2. Laufrad bekannt; durch Auftragen des Verlustes $\varphi \cdot \Phi_2$ erhält man die Zustandsänderung im 2. Leitrad; schließlich ist noch genau so wie beim 1. Laufrad der Verlust $\frac{A}{2g}$ ($w_1{}^2 - w_2{}^2$) bei konstantem Druck einzuführen, um den Dampfzustand bei Austritt aus dem 2. Laufrad bezw. dem Eintritt in das 3. Leitrad zu erhalten.

Alle folgenden Stufen sind genau so wie die zweite zu behandeln; nur bei dem letzten Laufrad ist es zweckmäßig, noch die Annahme

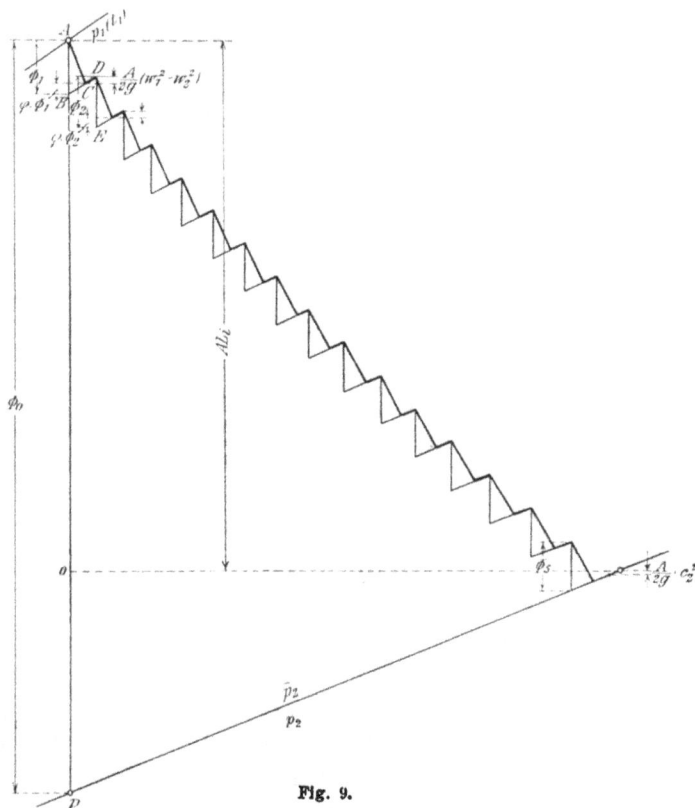

Fig. 9.

einzuführen, daß sich die Austrittsgeschwindigkeit vollständig verliert und als Wärme bei konstantem Druck an den Dampf übergeht. Verfährt man immer so mit dem Austrittsverlust des letzten Laufrades, so gestattet das Molierdiagramm ohne weiteres die Entnahme des Wertes $A \cdot L_i$ aus der Zustandsänderung, da nach den übrigen Voraussetzungen der Rechnung kein Wärmeaustausch nach außen stattfinden sollte.

Hat man aber $A \cdot L_i$ im Diagramm, so erhält man den Wirkungsgrad der Turbine als das Verhältnis zweier Strecken

$$\eta_i = \frac{A L_i}{\Phi_0} = \frac{A O}{A P}.$$

Bei der Anwendung des hier mitgeteilten Verfahrens ist es nun sehr wesentlich, daß der Koeffizient μ richtig eingesetzt wird. An sich ist er nicht willkürlich, er müßte stets so gewählt werden, daß man bei der letzten Stufe mit dem Wärmegefälle Φ_s gerade auf den vorgeschriebenen Gegendruck p_2 kommt. Ist dies nicht der Fall, dann ist entweder nicht genau gezeichnet worden oder es muß der Wert μ geändert werden. In manchen Fällen wird man, um die wiederholte Rechnung zu vermeiden, kleine Abweichungen von dem zuerst angenommenen Gegendruck in Kauf nehmen.

Ist aber eine Zustandsänderung für einen beliebigen Wert μ gezeichnet und es hat sich ein Fehler von f Kalorien ergeben, so findet man den richtigen Wert μ' aus der Gleichung

$$(1 - \varphi) \cdot \mu \cdot \Phi_0 \pm f = (1 - \varphi) \cdot \mu' \cdot \Phi_0.$$

Nun käme für eine genaue Durchrechnung der Turbine die Bestimmung der spez. Dampfvolumina an den einzelnen wichtigen Stellen, also jeweils für Eintritt und Austritt der Leiträder.

Im übrigen gilt genau das auf Seite 10 u. f. für die reibungsfreie Turbine Angegebene. Bei der Volumenberechnung ist praktisch wohl zulässig, die Volumina bei Ein- und Austritt eines Laufrades als gleich anzunehmen und bei der Berechnung der Leitradquerschnitte jeweils nur die Volumina beim Eintritt o d e r jene beim Austritt der Laufräder einzuführen.

Die Rechnung gibt damit die notwendigen reinen Axialquerschnitte, die infolge der endlichen Schaufeldicken um einen gewissen Prozentsatz vergrößert werden müssen; je nach Teilung und Schaufeldicke dürften 5—10 % Zuschlag erforderlich sein.

Bei der Berechnung des Dampfverbrauches auf der Grundlage der obigen Ausführungen ergibt sich natürlich nur die Dampfmenge, die wirklich in den Rädern Arbeit verrichten muß. Die wirklich der Turbine zuzuführende stündliche Dampfmenge ist größer infolge des Dampfaufwandes für die Stopfbüchsen und die Steuerung, wegen der Spalt- und Kondensationsverluste.

b) Mehrstufige Gleichdruckturbine mit „konstanter Schaufellänge in den Leiträdern".

Es macht gewisse Schwierigkeiten in der Herstellung der Leiträder, wenn die Schaufeln an der Ein- und Austrittstelle eines
Leitrades verschieden lang sind und wenn sich außerdem die Leiträder selbst in den Schaufeln voneinander unterscheiden. Verschiedene Schaufellänge bei Ein- und Austritt in ein Leitrad bedingt nach
Fig. 10 schiefe kegelförmige Begrenzung des Leitradkanales. Die
Schaufelung einer Turbine läßt sich aber viel einfacher und deshalb
billiger herstellen, wenn wenigstens in einer Stufenreihe alle Leiträder dieselben Zylinder als innere und äußere Begrenzung haben.

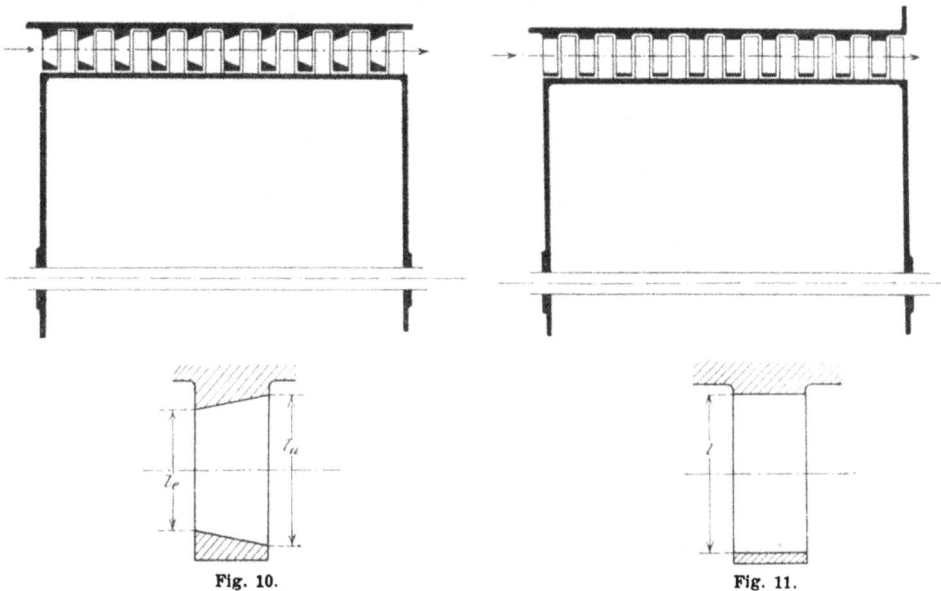

Fig. 10.

Fig. 11.

Sowohl die zylindrische als auch die kegelförmige Begrenzung
der Leitradkanäle erfordert, abgesehen vom mittleren Dampfweg
und gewissen anderen Vorschriften, gesetzmäßig entwickelte Schaufelprofile, deren Konstruktion in einem besonderen Kapitel behandelt
werden soll.

Ableitung der Bedingung für konstante Schaufellänge.

Wenn die Leiträder nach Fig. 11 zylindrische Begrenzungen
erhalten sollen, muß sich bei der Berechnung für den axialen Ein-
und Austrittsquerschnitt eines Leitrades derselbe Wert ergeben:

Bezeichnet

F_e den Eintrittsquerschnitt eines Leitrades,

F_a den Austrittsquerschnitt eines Leitrades,

c_e die axiale Geschwindigkeit bei Leitradeintritt,

c_a die axiale Geschwindigkeit bei Leitradaustritt,

v_e und v_a die entsprechenden spez. Dampfvolumen,

so ist nach S. 12, da hier

$$l_e = l_a ,$$

$$F_e = \varepsilon \cdot D\pi \cdot l = F_a, \text{ wobei } F_e = G \cdot \frac{v_e}{c_e} \text{ und } F_a = G \cdot \frac{v_a}{v_e},$$

damit wird

$$G \cdot \frac{v_e}{c_e} = G \cdot \frac{v_a}{c_a} \text{ bzw. } \frac{v_e}{c_e} = \frac{v_a}{c_e}$$

oder

$$\frac{c_a}{c_e} = \frac{v_a}{v_e} \text{ erhalten} \quad . \quad . \quad . \quad . \quad . \quad (4)$$

Die Bedingung für konstante Schaufellänge in einem Leitrad ist also darin gegeben, daß sich die Axialgeschwindigkeiten wie die zugehörigen spez. Dampfvolumen verhalten müssen.

Die genaue Berücksichtigung dieser Bedingung bei jedem Leitrad macht die Aufstellung einer neuen »Hauptgleichung« zur Ermittlung der Wärmegefälle und Geschwindigkeiten erforderlich. Wie später gezeigt werden soll, ist aber auch mit der früheren Gleichung eine im allgemeinen praktisch genügende ‘Genauigkeit zu erzielen.

Bei der genauen Lösung ist es unmöglich, für alle Stufen gleiche Dreiecke und Geschwindigkeiten zu erhalten, weil sich das zu verwertende Volumenverhältnis von Stufe zu Stufe etwas ändert. Wohl kann aber wie früher gleiches Wärmegefälle für alle Leiträder vorgeschrieben werden.

Wird die Berechnung sofort mit Berücksichtigung der Verluste durchgeführt, so lautet die Gleichung für das erste Leitrad

$$\frac{A}{2g} \cdot c_1{}^2 = (1 - \varphi)\, \Phi_1 ; \quad . \quad . \quad . \quad . \quad . \quad . \quad (a)$$

für die folgenden Leiträder dürfen die früher entwickelten Gleichungen nicht mehr angeschrieben werden, weil sich die Geschwindigkeiten in den verschiedenen Leiträdern nicht mehr wiederholen. Da aber gleiches Wärmegefälle in allen dem ersten folgenden Leiträdern vorgeschrieben ist, gilt für diese $(s - 1)$ Stufen die Identitätsgleichung

$$(s - 1)(1 - \varphi) \cdot \Phi_n = (s - 1)(1 - \varphi) \cdot \Phi_n, \quad . \quad . \quad (b)$$

wobei

$$\Phi_n = \Phi_2 = \Phi_3 = \ldots . = \Phi_s \text{ ist.}$$

Addiert man Gleichung (a) und (b), so wird

$$\frac{A}{2g} \cdot c_1^2 + (s-1)(1-\varphi) \, \Phi_n = (1-\varphi) \, [\Phi_1 + (s-1) \, \Phi_n].$$

Aber nach früherem ist

$$[\Phi_1 + (s-1) \, \Phi_n] = \mu \cdot \Phi_o,$$

und damit wird die neue Hauptgleichung erhalten

$$\frac{A}{2g} \cdot c_1^2 + (s-1)(1-\varphi) \, \Phi_n = (1-\varphi) \cdot \mu \cdot \Phi_o \quad . \quad . \quad . \ (5)$$

Die Gleichung (5) ist ähnlich gebaut wie Gleichung (3); statt der Austrittsgeschwindigkeit c_2 enthält sie das Wärmegefälle Φ_n einer normalen Zwischenstufe, die Variablen sind c_1 und Φ_n. Bezogen auf
die Größen c_1 und Φ_n, stellt die Gleichung eine Parabel vor, in der
natürlich nur positive Werte einen Sinn haben. Die Grenzwerte
selbst

$$(c_1)_{\max} \text{ für } \Phi_n = 0 \text{ und } c_1 = 0 \text{ für } \Phi_n = \frac{\mu \cdot \Phi_o}{(s-1)}$$

haben natürlich auch keine Bedeutung.

Innerhalb der vorstehend angegebenen Grenzen muß entweder
c_1 oder Φ_n angenommen und die andere Unbekannte dazu gerechnet
werden. Anhaltspunkte für praktische Annahmen werden bei den
Beispielen gegeben.

α) Allgemeine genaue Durchrechnung einer Druckturbine
mit konstanten Schaufellängen in den Leiträdern.

Im folgenden ist ziemlich viel willkürlich anzunehmen, weil
nur zwei allgemeine Vorschriften bestehen. Die eine verlangt »die
Erfüllung der Bedingungsgleichung für konstante Schaufellänge in
einem Leitrad«, die andere schreibt nur »gleiches Wärmegefälle« in
den $(s-1)$ letzten Leiträdern, bzw. »die Erfüllung der Hauptgleichung« vor. Trotzdem ist der Weg der Berechnung mit Rücksicht auf die praktische Ausführung ziemlich genau vorgeschrieben.

Die Konstruktion der Geschwindigkeitsdreiecke muß im Zusammenhang mit der Entwicklung der Zustandsänderung im Mollierdiagramm vor sich gehen: Sind zwei zusammengehörige Werte von
c_1 und Φ_n festgelegt, so berechne man

$$\Phi_1 = \frac{A}{2g} \cdot \frac{c_1^2}{(1-\varphi)} \text{ und } \varphi \cdot \Phi_1$$

und zeichne die Zustandsänderung für das Leitrad der 1. Stufe.
Im Geschwindigkeitsdiagramm nehme man die Richtung von c_1 an,
trage deren Größe ab und bestimme die axiale Austrittsgeschwindigkeit c_a des 1. Leitrades.

An sich wäre die willkürliche Annahme einer Umfangsgeschwindigkeit u, etwa in einem bestimmten Verhältnis zu c_1, zulässig; damit sich aber in der Stufenreihe die Geschwindigkeiten möglichst wenig voneinander unterscheiden und die Winkeländerungen möglichst klein werden, empfiehlt es sich, die Austrittsgeschwindigkeit c_2 aus dem 1. Laufrad so zu berechnen, daß durch das Wärmegefälle $\varPhi_2 = \varPhi_n$ im 2. Leitrad wieder die abs. Dampfgeschwindigkeit c_1 erreicht wird.

Man berechne also c_2 aus

$$\frac{A}{2g} \cdot (c_1{}^2 - c_2{}^2) = (1 - \varphi) \, \varPhi_n$$

zu

$$c_2 = \sqrt{c_1{}^2 - \frac{2g}{A}(1 - \varphi) \cdot \varPhi_n}.$$

Die Richtung von c_2 wäre wieder willkürlich, damit aber im 2. Leitrad wieder dieselbe axiale Austrittsgeschwindigkeit wie im 1. Leitrad erforderlich wird, bzw. damit das Austrittsdreieck des 2. Leitrades mit jenem des 1. identisch wird, bestimme man die Richtung von c_2 so, daß sich die Axialgeschwindigkeiten $c_2{}^a$ und $c_1{}^a$ wie die spez. Volumen an der Ein- und Austrittsstelle des zweiten Leitrades verhalten.

Diese Volumina sind zunächst noch unbekannt und könnten erst aus dem Mollierdiagramm berechnet werden, wenn die Zustandsänderung im 1. Laufrad bekannt wäre, weil dann, anschließend an das 1. Leitrad, die Kurve konstanten Druckes für das 1. Laufrad und schließlich die Zustandsänderung im 2. Leitrad eingezeichnet werden könnte.

Die Zustandsänderung im 1. Laufrad könnte zunächst näherungsweise angenommen und daran anschließend das Volumenverhältnis für das 2. Leitrad bestimmt werden; es genügt aber auch für den vorliegenden Zweck, die Kurven konstanten Druckes wegzulassen und direkt die Zustandsänderung des 2. Leitrades an die des 1. anzuschließen. Bei den kleinen Entropieunterschieden, die hier in Frage kommen, bleibt für dasselbe $\varPhi_n$ an den einzelnen Stellen das Volumenverhältnis, auf das es nur ankommt, praktisch konstant.

Ist schließlich die Richtung von c_2 festgelegt, dann kann, wie früher, endlich zu c_2 und c_1 mit den Verlustkoeffizienten ψ der Relativgeschwindigkeiten die Umfangsgeschwindigkeit bzw. das Ein- und Austrittsdreieck des 1. Laufrades gezeichnet werden, und man hat alle Größen zur genauen Einzeichnung der Zustandsänderung des ersten Laufrades.

2. Leitrad: Vom 2. Leitrad ist nun die abs. Eintrittsgeschwindigkeit c_2, das Wärmegefälle $\Phi_2 = \Phi_n$ und die abs. Austrittsgeschwindigkeit c_1 bekannt, die nach Voraussetzung gleich jener im 1. Leitrad wird.

Mit Φ_2 und $\eta \cdot \Phi_2$ kann die Zustandsänderung im 2. Leitrad in das Mollierdiagramm eingetragen und das spez. Volumen beim Ein- und Austritt bzw. das genaue Volumenverhältnis ermittelt werden.

Die Richtung der abs. Austrittsgeschwindigkeit c_1 ist mit der Axialgeschwindigkeit

$$c_a = c_e \cdot \frac{v_a}{v_e}$$

zu konstruieren. Da bereits vorher das Verhältnis $\dfrac{v_a}{v_e}$ sehr angenähert bei der Zeichnung der ersten Geschwindigkeitsdreiecke verwendet worden ist, wird sich die Richtung von c_1 des 2. Leitrades mit jener des 1. Leitrades decken. Das Eintrittsdreieck für das 2. Laufrad ist also identisch mit jenem des 1. und da die Verluste in den Laufrädern überall gleich angenommen werden sollen, bleibt auch die relative Austrittsgeschwindigkeit dieselbe wie im 1. Laufrad; es ist am einfachsten auch die Richtung beizubehalten.

Für das 2. Laufrad kann nun die Zustandsänderung eingezeichnet werden, desgleichen mit Φ_3 und $\varphi \cdot \Phi_3$ jene des 3. Leitrades.

Ist für das 3. Leitrad das Volumenverhältnis bestimmt worden, so ist wieder die für konstante Schaufellänge notwendige axiale Austrittsgeschwindigkeit

$$c_a = c_e \cdot \frac{v_a}{v_e}$$

wie früher zu verwerten; die abs. Austrittsgeschwindigkeit wird zum letzten Male gleich jener in den beiden ersten Leiträdern. Doch muß der Winkel entsprechend dem neuen Volumenverhältnis etwas geändert werden, weil sich die relative Eintrittsgeschwindigkeit und ebenso $\psi \cdot w_1 = w_2$ etwas ändern. Für die Wahl der Richtung von w_2 gibt es nun mit Rücksicht auf möglichst kleine Winkeländerungen verschiedene Möglichkeiten:

1. Beibehaltung des Winkels α_2 oder β_2,
2. Beibehaltung der axialen Geschwindigkeit,
3. Dreiecksspitze auf der Winkelhalbierenden angenommen, etc. etc.

Je nachdem man sich für das eine oder das andere entschieden hat, kann das Austrittsdreieck festgelegt werden. Die übrigen Stufen sind ebenso wie die dritte zu behandeln, wobei jeweils die Änderung von c_2 und damit die der abs. Austrittsgeschwindigkeit c_1 zu berücksichtigen ist, indem nun für jedes folgende Leitrad c_1 aus der Gleichung

$$\frac{A}{2g}\left(c_1{}^2 - c_2{}^2\right) = (1 - \varphi) \cdot \Phi_n$$

zu

$$c_1 = \sqrt{\frac{2g}{A}(1 - \varphi)\,\Phi_n + c_2{}^2}$$

zu berechnen ist.

Ist man bei der letzten Stufe angelangt, so muß man auf den angenommenen Gegendruck gekommen sein, wenn μ richtig gewählt bzw. genau gezeichnet wurde.

$A \cdot L_i$ wäre aus der Summe der Arbeitsleistungen in den einzelnen Laufrädern recht mühsam zu berechnen, da sich alle etwas voneinander unterscheiden; hat man im Mollierdiagramm noch den Austrittsverlust des letzten Laufrades eingetragen, so entnehme man $A \cdot L_i$ einfacher aus dem Diagramm.

Die Winkeländerungen werden im allgemeinen nicht bedeutend; es wird praktisch meistens genügen, mittlere Winkel der Ausführung zugrunde zu legen, und damit hätte man neben dem Vorteil der konstanten Schaufellänge auch die Möglichkeit, dasselbe Schaufelprofil für eine Stufenreihe anzuwenden, ohne daß dadurch ein grober Verstoß gegen die Theorie begangen wird.

Dieses genaue Verfahren war sehr ausführlich zu beschreiben, weil eine Reihe wichtiger Einzelheiten hervorzuheben war. Auch hier könnte durch Veränderung des Wertes Φ_n bzw. c_1 eine Wirkungsgradkurve ermittelt werden, doch wäre dies zu mühsam.

Im folgenden soll daher für »eine näherungsweise Berechnung einer mehrstufigen Gleichdruckturbine mit konstanten Schaufellängen« ein einfacheres Verfahren wenigstens für Voruntersuchungen entwickelt werden, das auch in den meisten Fällen überhaupt das genaue Verfahren ersetzen dürfte.

β) Angenäherte Berechnung einer mehrstufigen Gleichdruckturbine mit konstanten Schaufellängen in den Leitradkanälen einer Stufenreihe.

Wäre das Volumenverhältnis an der Ein- und Austrittstelle der Leiträder in allen Stufen dasselbe, so könnte das Verfahren, wie es bei der Turbine mit »konstanten Winkeln« angegeben wurde,

Verwendung finden, nur mit der Ergänzung, daß die Richtungen von c_1 und c_2 nicht mehr willkürlich angenommen werden dürfen, sondern so zu konstruieren sind, daß die Axialgeschwindigkeiten dem Volumenverhältnis entsprechen.

Das angenäherte Verfahren beruht nun im wesentlichen auf der Einführung eines mittleren Volumenverhältnisses für eine Stufenreihe.

Da der genaue Mittelwert der Volumenverhältnisse erst bestimmt werden kann, wenn die Zustandsänderung bekannt ist, muß eine Annäherung dadurch eingeführt werden, daß man im Mollierdiagramm das gegebene adiabatische Wärmegefälle in s gleiche Teile ($s =$ Stufenzahl) teilt, die damit gegebenen Teilpunkte vorübergehend als die Zustände zwischen den einzelnen Leiträdern betrachtet und für diese Punkte die Volumen bzw. deren Verhältnisse ermittelt. Man kann auch näherungsweise eine Zustandsänderung annehmen und auf ihr die Einteilung vornehmen.

Der Mittelwert der auf die eine oder andere Weise bestimmten Volumenverhältnisse ist dann der weiteren Rechnung zugrunde zu legen.

Wie schon erwähnt, ist dazu die Gleichung, welche bei der Turbine mit konstanten Winkeln aufgestellt wurde, zu verwenden. Sie lautete

$$\frac{A}{2g}\left(s \cdot c_1^2 - (s-1)\, c_2^2\right) = (1 - \varphi)\, \mu \cdot \Phi_0.$$

Am einfachsten wird man c_2 annehmen und c_1 aus der Gleichung berechnen. Wird z. B. noch die Richtung von c_1 festgelegt, so muß die Axialgeschwindigkeit c_a dem Diagramm entnommen und damit aus

$$c_e = c_a \cdot \frac{v_e}{v_a},$$

wobei $\frac{v_e}{v_a}$ das gefundene mittlere Volumenverhältnis ist, die axiale Komponente für c_2 gerechnet werden. So wird der Winkel von c_2 bestimmt, und es kann zu c_2 und c_1, wie früher angegeben, mit der Bedingung

$$w_2 = \psi \cdot w_1$$

die Umfangsgeschwindigkeit konstruiert werden.

Damit wäre näherungsweise für eine Stufenreihe je ein mittleres Ein- und Austrittsdreieck gefunden. Durch Variation von c_2 kann wie früher die Umfangsgeschwindigkeit bzw. der indizierte Wirkungsgrad beeinflußt werden.

Hat man sich für einen bestimmten Wert u entschieden, dann kann die genaue weitere Durchrechnung nach dem auf Seite 11 f. angegebenen Weg erfolgen.

Ist die Zustandsänderung gezeichnet, so entnehme man dem Mollierdiagramm die genauen Volumen für die Ein- und Austrittstellen der Leiträder und bilde damit wieder den Mittelwert der Volumenverhältnisse. Nach den vom Verfasser gemachten Erfahrungen an einer Reihe durchgeführter Zahlenbeispiele unterscheidet sich der zuerst auf der Ausgangsadiabate gerechnete von dem der wirklichen Zustandsänderung entsprechenden genauen Wert praktisch nicht, und darin liegt die Rechtfertigung des angenäherten Verfahrens, das, von besonderen Fällen abgesehen, die Anwendung der genauen Rechnung entbehrlich macht. Wenn die erhaltenen mittleren Dreiecke der Ausführung zugrunde gelegt werden, kann man in die Turbine in den Leit- und Laufrädern jeweils gleiche Schaufelprofile einsetzen und im besonderen die Leitradkanäle zylindrisch begrenzen.

Mit den zuletzt bestimmten Volumen rechne man schließlich für die gegebene Turbinenleistung die notwendigen Querschnitte für die Ein- und Austrittstelle jedes Leitrades; es werden sich natürlich kleine Verschiedenheiten in den zusammengehörigen Ein- und Austrittsquerschnitten ergeben, die entweder durch kleine Winkeländerungen ausgeglichen oder überhaupt vernachlässigt werden können, indem man jeweils die Beaufschlagungsziffer nach dem Austrittsquerschnitt rechnet.

Hat man nach dem Näherungsverfahren eine Turbinenberechnung bzw. eine Voruntersuchung durchgeführt, dann könnte mit dem genauen Verfahren begonnen werden, indem man für die genaue Rechnung den Wert der abs. Geschwindigkeit c_1 für das 1. Leitrad übernimmt. Aber es wird meistens das angenäherte Verfahren vollständig für die Ausführung genügen.

Findet man bei der ersten Aufstellung der Volumenverhältnisse für eine Stufenreihe zu große Unterschiede zwischen dem ersten und letzten Wert, so bilde man zwei oder mehrere Abteilungen, in denen die Unterschiede dann kleiner sein werden, bestimme für jede Abteilung ein mittleres Volumenverhältnis und behandle jede Abteilung für sich als Stufenreihe; dabei ist jedesmal festzustellen, mit welcher Anfangsgeschwindigkeit in jeder Abteilung zu rechnen ist, sie wird meistens gleich Null angenommen werden dürfen.

c) Turbine mit konstanter Beaufschlagung in einer Stufenreihe.

Zeichnet man sich von einer Druckturbine die Abwicklung eines Zylinderschnittes durch die Leiträder, so ergibt sich sehr anschaulich, daß sich der Dampfquerschnitt von Leitrad zu Leitrad unstetig verändert, daß er sich plötzlich verbreitern muß.

Wurde die Turbine mit konstanter Schaufellänge berechnet, so bleibt wohl die Höhe des arbeitenden Dampfquerschnitts, aber die Breite ändert sich sprungweise beim Übergang von einem zum andern Leitrad. Dies kann für das Arbeiten des Dampfes nicht vorteilhaft sein, es wird mehr oder weniger zu Verlusten Veranlassung geben und wahrscheinlich auch mit ein Grund sein, warum die reinen vielstufigen Druckturbinen im allgemeinen einen schlechten Wirkungsgrad haben. Folgen in der Turbine die Leiträder dicht hinter den Laufrädern, dann werden Stauungs- und Geschwindigkeitsverluste eintreten; sind die Leiträder mit größeren Abständen von den Laufrädern eingesetzt, dann werden immer noch Geschwindigkeitsverluste bleiben. Jedenfalls wird durch die plötzliche Änderung des beaufschlagten Umfangs der Dampf sehr nachteilig in seiner Bewegung beeinflußt.

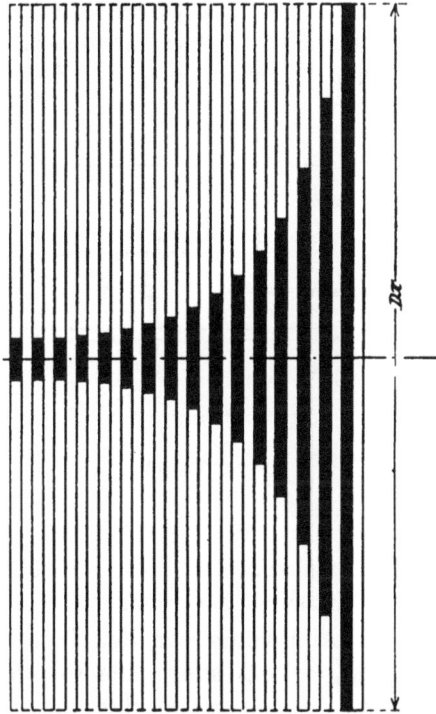

Fig. 12.

Wenn die Annahme praktisch zutrifft, daß bei den partiell beaufschlagten Druckturbinen die arbeitenden Dampfteilchen, entsprechend den Querschnitten der Leitradkanäle, ein zusammenhängendes Ganzes, einen Dampfstrom bilden, im Querschnitt von einer Höhe gleich der Länge der Schaufeln und einer Breite gleich dem beaufschlagten Umfang, dann wäre für ein möglichst günstiges Arbeiten des Dampfes notwendig, daß zunächst die Veränderung dieses Dampfstromes in dem Laufrad unter der Voraussetzung verfolgt wird, daß er nach keiner Richtung hin (von der Druckwirkung auf die Laufradschaufel natürlich abgesehen) in seiner natürlichen Bewegung gehindert ist.

Im Laufrad wird sich der axiale Querschnitt des Dampfstromes ändern, er wird sich sowohl der Höhe als der Breite nach verändern und, dem absoluten Weg entsprechend, auch gegenüber dem Austrittsquerschnitt des vorhergegangenen Leitrades etwas verdrehen.

Auch wird der Dampfstrom durch die Laufradschaufeln in eine Reihe nicht zusammenhängender Teile getrennt, die um so weiter voneinander entfernt sein werden, je mehr sich die Breite der einzelnen Dampfströme, der Zahl der Leitradkanäle entsprechend, in

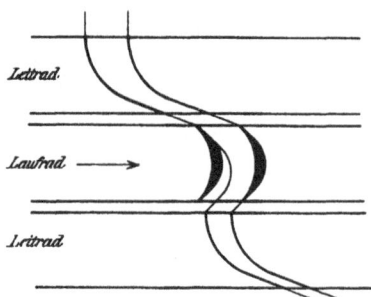

Fig. 13.

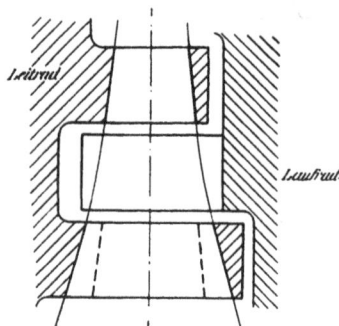

Fig. 14.

den Laufrädern verändert hat; im allgemeinen wird diese, wie auch die Erfahrung bei Wasserturbinen gelehrt hat, kleiner werden und die einzelnen Dampfströme werden sich also verbreitern.

Abgesehen von der Trennung des Stromes in Richtung seiner Bahn, erfolgt auch eine solche senkrecht dazu, so daß eine mehrfache Teilung zu konstatieren ist. Für den vorliegenden Zweck soll nur die Verbreiterung des Dampfstromes weiter verfolgt werden.

Damit eine solche eintreten kann, müßten natürlich die Laufradschaufeln wenigstens beim Austritt etwas länger sein als der Dampfstrom hoch ist. Der Übergangsverlust vom Laufrad zum darauffolgenden Leitrad würde offenbar ein Minimum werden, wenn der axiale Eintrittsquerschnitt des Leitrades gleich dem axialen Querschnitt des aus dem Laufrad austretenden Dampfes wäre, bzw. müßte der neue Leitapparat ebensoviele Einzelöffnungen haben, als Dampfstreifen vorhanden sind, und der axiale Querschnitt jeder einzelnen Öffnung müßte gleich jenem eines Dampfstromes sein (Fig. 14).

Der Abstand der einzelnen Öffnungen wäre nach dem Abstand der ankommenden Dampfstreifen zu bemessen.

Nun hängt die Verfolgung der Dampfbewegung im Laufrad im wesentlichen von der Veränderung der relativen Strahldicke δ ab. Die wirkliche Ermittlung des Gesetzes dieser Veränderung in einer bewegten Schaufel erscheint praktisch ganz ausgeschlossen und ebenso die rein rechnerische Bestimmung, bei der die verschiedenen Reibungen und Wirbelbildungen nie berücksichtigt werden können. Doch erscheint durch Versuche eine indirekte Lösung möglich, indem man die Leiträder einer Dampfturbine unter Annahme verschiedener Abhängigkeiten für die relative Strahldicke ausführt und die den besten Wirkungsgrad ergebenden Verhältnisse entwickelt. Wahrscheinlich werden sich keine einfachen Beziehungen ergeben.

Ist das Verhältnis der Strahldicken beim Ein- und Austritt eines Laufrades bestimmt oder irgendwie angenommen worden, dann kann mit Berücksichtigung der Teilungen und Schaufeldicken der Weg des Dampfes durch die Turbine bezw. seine Aufteilung konstruiert werden, wenn vorher irgendeine Berechnung der Dampfgeschwindigkeiten und der Dreiecke vorgenommen worden ist.

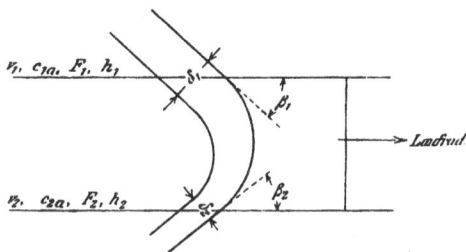

Fig. 15.

Diese Überlegungen haben, um es noch einmal hervorzuheben, nur einen Sinn, wenn es richtig ist, daß sich der Dampf auf seinem Weg durch die Turbine nicht zerstreut, sondern den ihm gebotenen Querschnitten folgend, zusammenhält. Jedenfalls erscheint es nützlich, einmal in der angegebenen Richtung praktische Versuche anzustellen.

Um nun aber bezüglich der stark veränderlichen Beaufschlagung bei der Konstruktion von mehrstufigen Druckturbinen doch eine Abhilfe zu geben, soll unter Vernachlässigung der Aufteilung des Dampfstromes im nachfolgenden entwickelt werden, wie mit Berücksichtigung der veränderlichen Strahldicken die Beaufschlagung bezw. die Schaufellängen der jeweils folgenden Leiträder bestimmt werden können.

Kommt aus einem Leitapparat ein Dampfstrahl von einer relativen Dicke δ_1 (bezogen auf die Bewegung zum Laufrad) und einer

Höhe h gleich der Länge der Leitradschaufel beim Austritt, ist G die sekundliche Dampfmenge, z die Zahl der Dampfstrahlen gleich der Zahl der Leitradöffnungen (gleiche Teilung der Leit- und Laufräder vorausgesetzt), v_1 das spez. Volumen bei Eintritt ins Laufrad, v_2 jenes bei Austritt, $c_1{}^a$ und $c_2{}^a$ die dazugehörigen Axialgeschwindigkeiten, F_1 und F_2 die entsprechenden Querschnitte, so bestehen für die Axialquerschnitte des Dampfstrahles folgende Beziehungen:

für Eintritt Laufrad

$$F_1 \cdot c_1{}^a = G \cdot v_1 \ \text{ oder } \ F_1 = \frac{G \cdot v_1}{c_1{}^a} = \frac{z \cdot h_1 \cdot \delta_1}{\sin \beta_1},$$

für Austritt Laufrad

$$F_2 \cdot c_2{}^a = G \cdot v_2 \ \text{ oder } \ F_2 = \frac{G \cdot v_2}{c_2{}^a} = \frac{z \cdot h_2 \cdot \delta_2}{\sin \beta_2};$$

dividiert man beide Gleichungen, so erhält man

$$\frac{h_2}{h_1} = \frac{v_2 \cdot \sin \beta_2 \cdot c_1{}^a \cdot \delta_1}{v_1 \cdot \sin \beta_1 \cdot c_2{}^a \cdot \delta_2}.$$

Sind vorher nach irgend einem Verfahren die Geschwindigkeitsdreiecke für die Turbine entwickelt worden und ist die genaue Zustandsänderung im Mollierdiagramm eingezeichnet, dann sind in der letzten Gleichung alle Größen bis auf das Verhältnis der Strahldicken bekannt, wenn für den 1. Leitapparat die Schaufellänge beim Austritt festgelegt worden ist.

Führt man für $\dfrac{\delta_2}{\delta_1}$ irgendein Verhältnis ein, also etwa

$$\frac{\delta_2}{\delta_1} = 1{,}0,\ 0{,}9,\ 0{,}8,$$

so würde die Schaufellänge für die Eintrittstelle des 2. Leitrades zu berechnen sein aus

$$l_2 = h_2 = h_1 \left(\frac{v_2}{v_1} \cdot \frac{c_1{}^a}{c_2{}^a} \cdot \frac{\sin \beta_2}{\sin \beta_1} \cdot \frac{\delta_2}{\delta_1} \right).$$

Ist vorher der notwendige Axialquerschnitt bei Ein- und Austritt des 2. Leitapparates ermittelt worden, so findet man die Beaufschlagungsziffer des 2. Leitrades aus

$$\varepsilon = \frac{F}{D \cdot \pi \cdot l}$$

und mit ε schließlich die Schaufellänge beim Austritt aus dem 2. Leitapparat, wenn nicht die Berechnung überhaupt mit konstanter Schaufellänge durchgeführt worden ist.

Ist die Schaufellänge beim Austritt aus dem 2. Leitapparat bekannt, so wird wie vorher dazu die Schaufellänge beim Eintritt in das 3. Leitrad gerechnet usw.

Setzt man näherungsweise die Volumenänderung in den Laufrädern gleich Null, also $v_2 = v_1$, vernachlässigt man den meistens
nur kleinen Unterschied der Winkel β_1 und β_2 und macht man
schließlich noch die Annahme, daß sich die relative Strahldicke im
Laufrad nicht verändert, also $\delta_2 = \delta_1$ gesetzt werden kann, so lautet
die Beziehung zwischen den Schaufellängen einfach

$$\frac{l_2}{l_1} = \frac{h_2}{h_1} = \frac{c_1{}^a}{c_2{}^a},$$

d. h. unter den gemachten Voraussetzungen verhalten sich die Schaufellängen zweier Leitradquer-
schnitte, die ein Laufrad be-
herrschen, umgekehrt wie die
in den betreffenden Quer-
schnitten vorhandenen axialen
Geschwindigkeiten.

Macht man, von Stufe zu
Stufe fortschreitend, in einer
Stufenreihe die Schaufellängen
stets im Verhältnis der Axialgeschwindigkeiten größer, so
ergibt sich als wichtiges Resultat
ε = konstant, also **konstante
Beaufschlagung** in allen
Leiträdern einer Stufenreihe:

Für das 1. Leitrad ist z. B.

$$\varepsilon_1 = \frac{F_1}{D\pi \cdot l_1} = \frac{G \cdot v_1}{c_1{}^a \cdot D\pi \cdot l_1},$$

für das 2. Leitrad

$$\varepsilon_2 = \frac{F_2}{D\pi \cdot l_2} = \frac{G \cdot v_2}{c_2{}^a \cdot D\pi \cdot l_2}.$$

Dividiert man beide Gleichungen miteinander, so wird

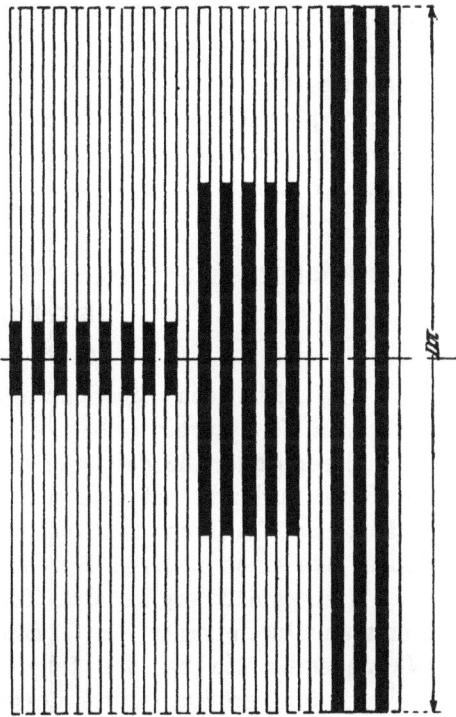

Fig. 16.

$$\frac{\varepsilon_1}{\varepsilon_2} = \frac{v_1 \cdot l_1 \cdot c_1{}^a}{v_2 \cdot l_2 \cdot c_2{}^a}.$$

Wird aber

$$\frac{l_2}{l_1} = \frac{c_1{}^a}{c_2{}^a} \text{ gemacht und } v_1 = v_2 \text{ gesetzt,}$$

so folgt $\varepsilon_1 = \varepsilon_2$ und schließlich $\varepsilon_2 = \varepsilon_3 = \varepsilon_4 = \ldots$ konstant.

Ist also für eine Druckturbine die Berechnung der Geschwindigkeitsdreiecke vorgenommen, ganz gleichgültig, ob mit konstanten

Schaufelwinkeln oder Schaufellängen oder überhaupt nach einem anderen Verfahren, so kann stets konstante Beaufschlagung in einer Stufenreihe erhalten werden, wenn für zwei aufeinanderfolgende Leiträder die Gleichung

$$\frac{l_2}{l_1} = \frac{c_1{}^a}{c_2{}^a}$$

angewendet wird.

Es ist mit Sicherheit zu behaupten, daß Druckturbinen mit konstanter Beaufschlagung bezw. mit Berücksichtigung der Strahldickenänderung berechnet, bessere Arbeitsverhältnisse ergeben wie jene, bei denen besonders im Niederdruckgebiet ganz bedeutende Sprünge in den Beaufschlagungsziffern zur Ausführung gebracht worden sind.

Vergleicht man Fig. 12 mit Fig. 16, so ist ohne weiteres wahrscheinlich gemacht, daß die Ausführung mit zunehmender Schaufellänge und konstanter Beaufschlagung am besten arbeiten wird.

B. Gleichdruckturbinen mit Scheiben von verschiedenen Durchmessern.

(Rateauturbinen.)

Alle bisherigen Entwicklungen bezogen sich auf die Berechnung von Zoellyturbinen bzw. auf die Durchrechnung einer Stufenreihe, deren Räder alle gleichen Durchmesser haben. Den Übergang zu den Rateauturbinen hat man nun ohne weiteres, wenn man letztere einfach als Turbinen mit mehreren Stufenreihen betrachtet, von denen jede einen anderen Durchmesser hat.

Naturgemäß ergibt sich für normale Verhältnisse bei dem kleineren Durchmesser der 1. Stufenreihe pro Stufe ein kleineres Wärmegefälle wie bei den folgenden bzw. der letzten Stufenreihe, die mit dem größten Durchmesser auch das größte Wärmegefälle pro Stufe hat.

Wäre nach irgendeinem Verfahren Wärmegefälle und Stufenzahl jeder Stufenreihe bestimmt worden, so könnte nach den früher entwickelten Methoden der Reihe nach jede Stufenreihe vorgenommen werden, und damit wäre die Berechnung der Rateauturbine auf jene der Zoellyturbine zurückgeführt.

Für die Verteilung des Wärmegefälles und der totalen Stufenzahl auf die einzelnen Stufenreihen sind eine Reihe von Anhaltspunkten vorhanden. Wesentlich für die Konstruktion der Rateauturbine ist das erste Leitrad der ersten und das letzte Leitrad der letzten Stufenreihe. Demgemäß genügt es auch, die Verhältnisse für diese beiden Leiträder zu betrachten. Für eine Rateauturbine von gegebener Leistung und Tourenzahl darf im 1. Leitrad die Beaufschlagungsziffer nicht zu klein sein, weil dies dem eigentlichen Zweck der Rateauturbine widersprechen würde; dann darf bei einer festgelegten Beaufschlagungsziffer von ca. 20 bis 30% die Schaufellänge im Leitrad nicht zu klein werden. Das Minimum richtet sich natürlich nach der Größe der Turbine, absolutes Minimum wohl 8 bis 12 mm.

Anderseits kann das letzte Laufrad höchstens voll beaufschlagt sein und dabei darf die Schaufellänge nicht zu groß werden.

Wie nun die Bildung von Stufenreihen in einem gegebenen Fall vorgenommen werden kann, darüber wird in einem besonderen Kapitel geschrieben, in welchem gleichzeitig die diesbezüglichen Betrachtungen für die Parsonsturbinen durchgeführt werden (Kapitel »Orientierungsformeln«).

Überdruckturbine.

Als Ausführung ist nur die Parsonsturbine zu nennen, wie sie fast durchaus von den verschiedensten Firmen gebaut wird. Der Unterschied zwischen der Überdruck- und Gleichdruckturbine besteht darin, daß bei ersterer auch in den Laufrädern Expansion herbeigeführt wird, während sich bei den Druckturbinen in den Laufrädern der Druck nicht ändert. Außerdem muß die Überdruckturbine mit voller Beaufschlagung arbeiten. Die Überdruckturbinen müssen, infolge der totalen Beaufschlagung, dem zunehmenden Dampfvolumen entsprechend, mit zunehmender Schaufellänge und wachsendem Raddurchmesser ausgeführt werden. Dementsprechend bezieht sich, wie bei den Druckturbinen, auch das folgende Verfahren stets nur auf eine Stufenreihe und muß bei der Überdruckturbine so oft wiederholt werden, als Stufenreihen vorhanden sind.

Um über die Bildung der Stufenreihen selbst Anhaltspunkte zu gewinnen, werden auch für die Überdruckturbinen »Orientierungsformeln« entwickelt werden.

Die allgemeinen Bezeichnungen werden wie bei den Druckturbinen angewendet.

Es erscheint zweckmäßig, zunächst an der reibungsfreien Turbine das Berechnungsverfahren vorzuführen, und zwar soll es nur für konstante Schaufelwinkel gezeigt werden. Die Rechnungen mit Berücksichtigung der Verluste werden dann sowohl für konstante Winkel als auch für konstante Schaufellängen angestellt werden.

I. Mehrstufige „reibungslose" Überdruckturbine.

(Konstante Schaufelwinkel in allen Lauf- und Leiträdern.)

Wie bei den Druckturbinen folgt aus der Vorschrift konstanter Schaufelwinkel in allen Lauf- und Leiträdern, daß sich in den einzelnen Stufen alle Geschwindigkeiten wiederholen müssen, ebenso ist normal in allen Rädern gleiche Wärme- und Arbeitsumsetzung einzuführen.

Für das 1. Leitrad einer Überdruckturbine gelten dieselben Beziehungen wie bei der Gleichdruckturbine: Setzt man an der Eintrittstelle des 1. Leitapparates die Dampfgeschwindigkeit Null voraus, so erhält man mit Aufwand eines Wärmegefälles $(\Phi_1)_{Le}$ bei adiabatischer Expansion die abs. Austrittsgeschwindigkeit aus dem 1. Leitapparat aus

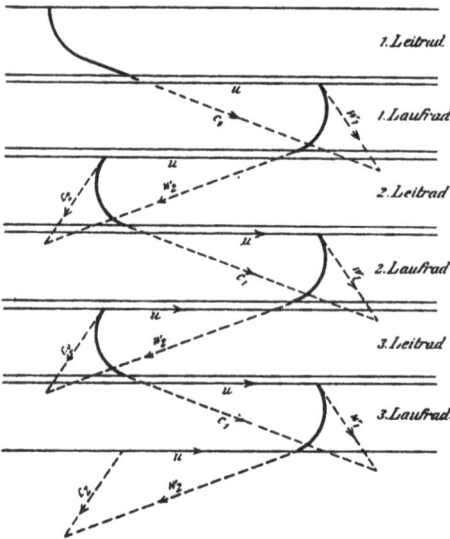

Fig. 17.

$$\frac{A}{2g} \cdot c_1^2 = (\Phi_1)_{Le}.$$

Der Dampf wird mit der abs. Geschwindigkeit c_1 (nach Fig. 17) auf den Laufradkanal geführt und dieser muß in seinen Querschnittsverhältnissen derart durchgebildet werden, daß in ihm der Dampf weiter expandieren kann.

Wird im 1. Laufrad das Wärmegefälle $(\Phi_1)_{La}$ ohne Verluste umgesetzt, so steigt dadurch die Relativgeschwindigkeit im Laufradkanal von w_1 auf w_2 nach der Beziehung

$$\frac{A}{2g} (w_2^2 - w_1^2) = (\Phi_1)_{La}.$$

Mit der abs. Austrittsgeschwindigkeit c_2 aus dem 1. Laufrad kommt der Dampf in den folgenden 2. Leitapparat und dort wird seine Geschwindigkeit auf c_1 gesteigert:

$$\frac{A}{2g}\,(c_1{}^2 - c_2{}^2) = (\Phi_2)_{Le}\,.$$

Für das 2. Laufrad gilt wieder die Gleichung

$$\frac{A}{2g}\,(w_2{}^2 - w_1{}^2) = (\Phi_2)_{La}\,,$$

für das 3. Leitrad

$$\frac{A}{2g}\,(c_1{}^2 - c_2{}^2) = (\Phi_3)_{Le}\,,$$

für das 3. Laufrad

$$\frac{A}{2g}\,(w_2{}^2 - w_1{}^2) = (\Phi_3)_{La}\,.$$

Führt man den Reaktionsgrad $r = {}^1/{}_2$ ein, so wird das in den Leiträdern umgesetzte Wärmegefälle gleich jenem in den Laufrädern und dann folgt

$$(\Phi)_{Le} = (\Phi)_{La} = \Phi_n$$

und

$$(c_1{}^2 - c_2{}^2) = (w_2{}^2 - w_1{}^2).$$

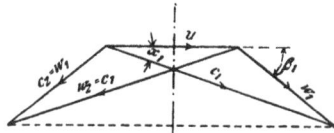

Fig. 18.

Sollen sich nach Voraussetzung die Geschwindigkeiten c_1 und c_2, w_1 und w_2 wiederholen, so kann dies mit Beibehaltung des vorgeschriebenen Reaktionsgrades auch erreicht werden, wenn nach Fig. 18

$$c_1 = w_2 \quad \text{und} \quad w_1 = c_2$$

gemacht wird.

Damit ist die Verwendung desselben Schaufelprofils in den Leit- und Laufrädern einer Stufenreihe möglich gemacht.

Ersetzt man in den angeschriebenen Beziehungen die relativen durch die absoluten Geschwindigkeiten und addiert sämtliche Gleichungen, so erhält man bei s vorhandenen Stufen (Stufe = Leitrad + Laufrad)

$$\frac{A}{2g}\,(2\,s \cdot c_1{}^2 - (2\,s - 1)\,c_2{}^2) = (\Phi_1)_{Le} + (2\,s - 1)\,\Phi_n\,.$$

Aber

$$(\Phi_1)_{Le} + (2\,s - 1)\,\Phi_n = \Phi_0,$$

d. i. das für einen gegebenen Druckunterschied vorhandene adiabatische Wärmegefälle.

Damit wird die Hauptgleichung für die vielstufige reibungsfreie Überdruckturbine

$$\frac{A}{2g} \cdot (2s \cdot c_1{}^2 - (2s - 1)\, c_2{}^2) = \Phi_0 \quad \ldots \quad (6)$$

Ist wieder die Stufenzahl und das adiabatische Wärmegefälle
Φ_0 gegeben, so stellt die Gleichung mit den Variablen c_1 und c_2 eine
Hyperbelfunktion dar.

$$(c_1)_{\min} = \sqrt{\frac{A}{2g} \cdot \frac{\Phi_0}{2s}} \text{ für } c_2 = 0.$$

Wenn $c_2 > 0$ gemacht wird, wächst c_1 und mit dem zunehmenden
c_1 sinkt der Wirkungsgrad, weil der Austrittsverlust $\frac{A}{2g} \cdot c_2{}^2$ zunimmt.

Für 1 kg sekundlicher Dampfmenge ist die in einem Laufrad
geleistete Arbeit in Kalorien

$$= \frac{A}{2g} \left[(c_1{}^2 - c_2{}^2) - (w_1{}^2 - w_2{}^2) \right]$$

$$= \frac{A}{2g} \cdot 2\,(c_1{}^2 - c_2{}^2), \text{ weil } w_2 = c_1 \text{ und } w_1 = c_2.$$

Für eine Stufenreihe mit s-Stufen entsprechend

$$A L_i = \frac{A}{2g} \cdot 2\,s\,(c_1{}^2 - c_2{}^2).$$

Der indizierte Wirkungsgrad für die Überdruckturbine mit
s Stufen wird

$$\eta_i = \frac{A L_i}{\Phi_0} = \frac{\Phi_0 - \dfrac{A}{2g} \cdot c_2{}^2}{\Phi_0} = \frac{2s\,(\Phi_0 - \Phi_1)}{(2s - 1)\, \Phi_0} = \frac{2s\, \Phi_n}{\Phi_0}.$$

Die Konstruktion der Geschwindigkeitsdreiecke muß hier anders
vorgenommen werden wie bei
den Druckturbinen. Sind zwei
zusammengehörige Geschwindigkeiten bestimmt worden, so
kann man z. B. bei gegebener
Richtung von c_1 gegenüber u
nach Fig. 19 auf dieser Richtung die Größe der absoluten

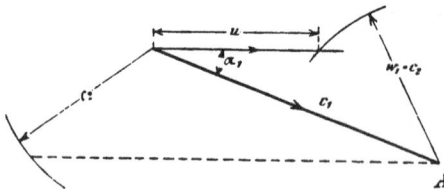

Fig. 19.

Eintrittsgeschwindigkeit abtragen und vom Endpunkt A aus unter
Benutzung der Beziehung

$$w_1 = c_2$$

mittels eines Kreisbogens vom Radius w_1 die Richtung der relativen

Eintrittsgeschwindigkeit und damit die Größe der Umfangsgeschwindigkeit angeben. Damit ist das Eintrittsdreieck konstruiert, das Austrittsdreieck ist ihm kongruent.

Für die Entwicklung der Geschwindigkeitsdreiecke können
natürlich auch eine Reihe anderer Vorschriften gemacht werden,
ähnlich wie bei den Druckturbinen.

Die Zustandsänderung der reibungsfreien Turbine ist natürlich
eine Adiabate, da in diesem besonderen Fall auch
von äußerer Wärmezufuhr oder Entziehung abgesehen werden soll·

Der Zustand beim Austritt aus dem 1. Leitrad ist bestimmt durch das Wärmegefälle

$$(\varPhi_1)_{Le} = \frac{A}{2g} \cdot c_1{}^2 ,$$

alle übrigen sind im Mollierdiagramm nach Fig. 20
um

$$\varPhi_n = \frac{A}{2g} (c_1{}^2 - c_2{}^2)$$

voneinander entfernt; für s Stufen gibt es $(2s + 1)$
Zustandspunkte.

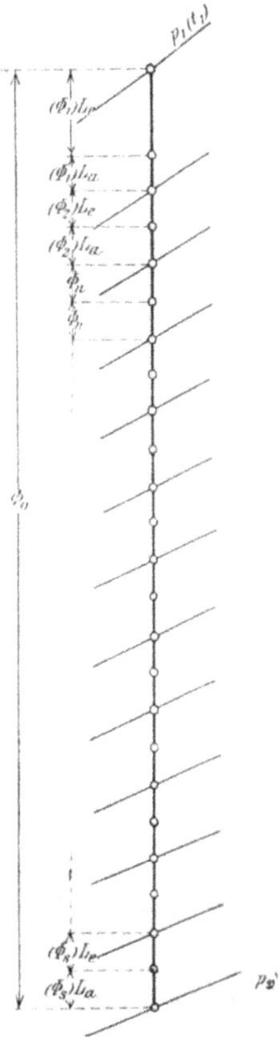

2. Mehrstufige Überdruckturbine, mit Reibungs-
verlusten gerechnet.

Die Zustandsänderung ist genau so zu behandeln wie bei den Druckturbinen; deshalb sei
auch hier derselbe Verlustkoeffizient φ mit derselben
Bedeutung wie dort eingeführt.

Für das Leitrad einer Überdruckturbine gilt
daher auch ohne weiteres die Gleichung

$$\frac{A}{2g} (c_1{}^2 - c_2{}^2) = (1 - \varphi)(\varPhi)_{Le} ,$$

wenn die Dampfeintrittsgeschwindigkeit in das Leitrad c_2, die Austrittsgeschwindigkeit c_1 und das im
Leitrad umgesetzte Wärmegefäll $\varPhi$ ist.

$$(\varPhi)_{Le} = i_1 - i_2.$$

Um den Verlustbetrag $\varphi \cdot \varPhi$ ist nach Fig. 21 die Erzeugungswärme
beim Austritt größer anzunehmen, wie sie bei adiabatischer Expansion erhalten worden wäre.

$$i_2' = i_2 + \varphi \cdot (\varPhi)_{Le}.$$

Fig. 20.
Mollier: *J-S-Diagramm*.

In den Laufrädern muß bei den Überdruckturbinen durch ge-
eignete Querschnittswahl eine Expansion herbeigeführt werden. Es
liegt nahe, dafür denselben Verlustkoeffizienten φ einzuführen wie
bei den Leiträdern, damit eine einfachere Behandlung des Problems
möglich wird.

So ergibt sich die Gleichung für die Laufräder zu

$$\frac{A}{2g}(w_2{}^2 - w_1{}^2) = (1 - \varphi)(\Phi)_{La}.$$

und die Zustandsänderung
in den Laufrädern ist auf
jene in den Leiträdern zurückgeführt. Nur bezieht
sich hier der Verlust $\varphi \cdot \Phi$
auf die Veränderung der Relativgeschwindigkeit.

Die Aneinanderreihung
der Zustandsänderungen in
zusammengehörigen Leit- und
Laufrädern ergibt im Mollierdiagramm eine stetige Kurve
nach Fig. 21 u. 23, die nicht
mehr wie bei den Gleich-
druckturbinen durch Kurven
konstanten Druckes unter-
brochen ist, wie in Fig. 9.

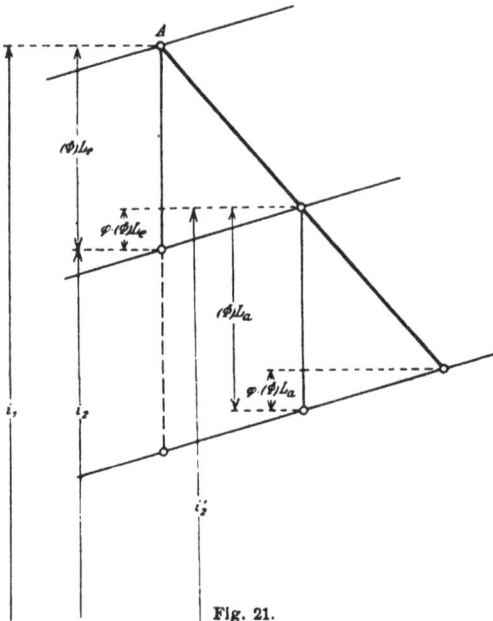

Fig. 21.
Mollier: *J-S*-Diagramm.

a) Turbine mit konstanten Winkeln.

Genau so wie bei der reibungsfreien Turbine soll hier der
Reaktionsgrad $r = \frac{1}{2}$ eingeführt und

$$w_1 = c_2 \text{ bzw. } w_2 = c_1$$

angenommen werden. Dann können ohne weiteres die dort angeschriebenen Gleichungen verwendet werden durch Einschieben des
Faktors $(1 - \varphi)$.

Für das 1. Leitrad erhält man die Gleichung

$$\frac{A}{2g} \cdot c_1{}^2 = (1 - \varphi)(\Phi_1)_{Le},$$

für das 1. Laufrad

$$\frac{A}{2g}(w_2{}^2 - w_1{}^2) = (1 - \varphi)(\Phi_1)_{La},$$

für das 2. Leitrad

$$\frac{A}{2g}(c_1{}^2 - c_2{}^2) = (1 - \varphi)(\Phi_2)_{Le},$$

für das 2. Laufrad

$$\frac{A}{2g}(w_2{}^2 - w_1{}^2) = (1 - \varphi)(\Phi_2)_{La}$$

usw. usw.

Die Summe aller Gleichungen liefert für s-Stufen die Hauptgleichung

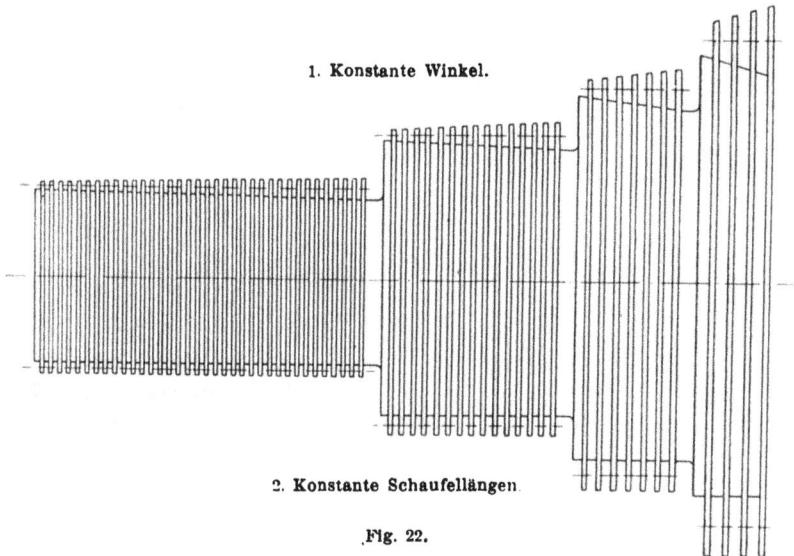

1. Konstante Winkel.

2. Konstante Schaufellängen.

Fig. 22.

$$\frac{A}{2g}(2s \cdot c_1{}^2 - (2s-1)c_2{}^2) = (1 - \varphi)[\Sigma(\Phi)_{Le} + \Sigma(\Phi)_{La}],$$

aber

$$[\Sigma(\Phi)_{Le} + \Sigma(\Phi)_{La}] = \mu \cdot \Phi_0,$$

also

$$\frac{A}{2g}(2s \cdot c_1{}^2 - (2s-1)c_2{}^2) = \mu(1 - \varphi)\Phi_0 \quad . \quad . \quad . \quad (7)$$

Die Hauptgleichung ist wieder eine Hyperbelfunktion, die als

$$(c_1)_{\min} = \sqrt{\frac{2g}{A} \cdot \frac{\mu(1-\varphi)\cdot\Phi_0}{2s}}$$

liefert; möglich sind nur größere Werte.

Mit der Hauptgleichung ist wie folgt zu arbeiten:

Man macht zweckmäßig entweder eine Annahme über die abs. Austrittsgeschwindigkeit c_2 (man wähle den Austrittsverlust etwa

gleich einem Prozentsatz des zur Verfügung stehenden Wärmegefälles) oder man rechnet sich $(c_1)_{min}$ und führt in die Hauptgleichung
einen größeren Wert ein.

Sind zwei zusammengehörige Werte c_1 und c_2 bestimmt worden,
so hat man damit auch die für die Geschwindigkeitsdreiecke notwendigen beiden Relativgeschwindigkeiten und kann je nach den besonderen Vorschriften die Umfangsgeschwin-
digkeit ermitteln.

Ist die Richtung von c_1 vorgeschrieben,
dann wäre einfach die auf Seite 40 angegebene Bestimmung der Geschwindigkeitsdreiecke anzuwenden.

Zur Einzeichnung der Zustandsände-
ung im Molliердiagramm berechne man das
adiabatische Wärmegefälle für das 1. Leitrad

$$(\Phi_1)_{Le} = \frac{\dfrac{A}{2g} \cdot c_1^2}{(1 - \varphi)},$$

den Verlust im 1. Leitrad

$$= \varphi \cdot (\Phi_1)_{Le}.$$

Alle folgenden Wärmegefälle in
den Lauf- und Leiträdern sind einander gleich, ebenso die
Verluste.

Normales Gefälle

$$\Phi_n = (\Phi)_{Le} = (\Phi)_{La}$$
$$= \frac{A}{2g} \frac{(c_1^2 - c_2^2)}{(1 - \varphi)}$$
$$= \frac{A}{2g} \frac{(w_1^2 - w_2^2)}{(1 - \varphi)};$$

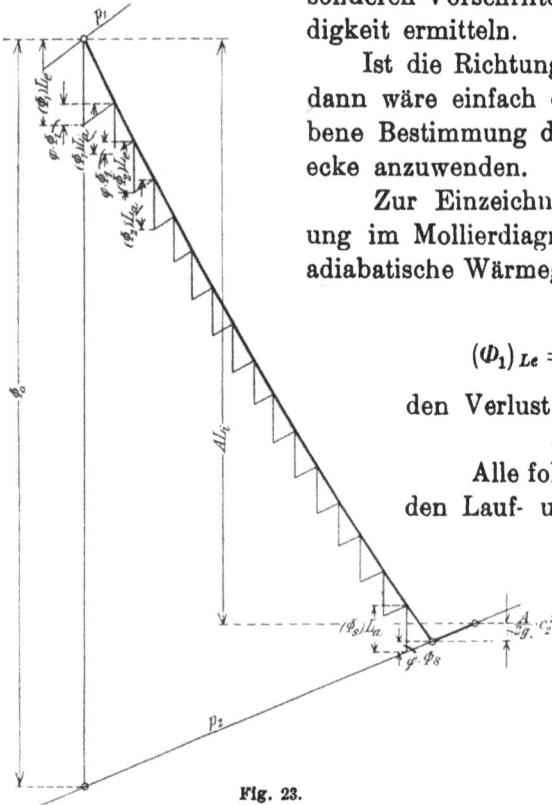

Fig. 23.

Mollier: J-S-Diagramm.

dazugehöriger Verlust

$$= \varphi \cdot \Phi_n.$$

Durch wiederholte Aneinanderreihung der einzelnen Wärmegefälle und Auftragen der Verluste nach Fig. 23 erhält man schließlich die ganze Zustandsänderung. Sind die Einzelwärmegefälle sehr
klein, so kann man je zwei zu einem Leit- und Laufrad gehörige
zusammenfassen und auch die Verluste summarisch berücksichtigen.
Ist der Wert μ richtig gewählt, so muß man mit dem adiabatischen
Wärmegefälle des letzten Laufrades auf den angenommenen Gegendruck kommen; je nach dem Genauigkeitsgrad, der von der Rech-

nung verlangt wird, kann man kleine Abweichungen vom gewählten Gegendruck in Kauf nehmen oder man hat mit korrigiertem μ die Rechnung zu wiederholen. Siehe Seite 22.

Will man nur ungefähre Untersuchungen machen, so genügt es, mit einem näherungsweise richtigen Wert μ die Berechnung der Geschwindigkeiten und Wärmewerte vorzunehmen und für das Mollierdiagramm einfach zu berechnen

$$A L_i = \frac{A}{2g} \cdot s \left[(c_1{}^2 - c_2{}^2) \right.$$
$$\left. - (w_1{}^2 - w_2{}^2) \right]$$
$$= \frac{A}{2g} \cdot 2 s \, (c_1{}^2 - c_2{}^2)$$
$$= \mu \, (1 - \varphi) \, \varPhi_0$$
$$- \frac{A}{2g} \cdot c_2{}^2.$$

Durch Einzeichnen der Werte $\mu \, (1 - \varphi) \, \varPhi_0$ und $\frac{A}{2g} \cdot c_2{}^2$ kann man mit der Verbindungslinie A—B als Gerade nach Fig. 24 die Zustandsänderung um so genauer erhalten, je weniger in dem betreffenden Gebiet die Kurven konstanten Druckes divergieren; wären die p-Kurven gerade und parallel, dann wäre auch die Zustandsänderung einer Überdruckturbine im Mollierdiagramm eine Gerade.

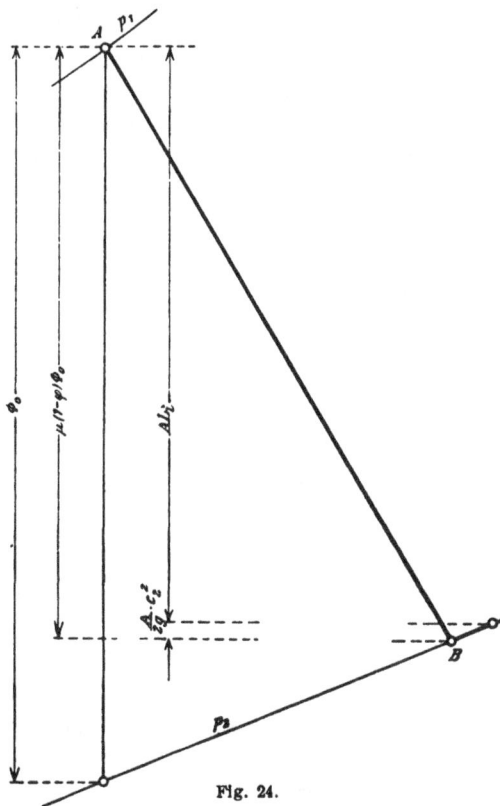

Fig. 24.

Mollier: J-S-Diagramm.

Näherungsweise kann jedenfalls eine gerade Linie gezeichnet werden, weil schließlich mit der Zustandsänderung nur die Volumina am Anfang und Ende der Stufenreihe bestimmt werden.

$A L_i$ wird am einfachsten gerechnet, ebenso der Wirkungsgrad

$$\eta_i = \frac{A L_i}{\varPhi_0} = \mu \, (1 - \varphi) - \frac{A}{2g} \cdot \frac{c_2{}^2}{\varPhi_0}.$$

Sowohl die letzte Form der Gleichung für $A L_i$ wie für η_i ergibt eine einfache Beziehung mit dem Faktor μ und dem Verlust-

koeffizienten φ. Wenn c_2 und damit $\frac{A}{2g} \cdot c_2{}^2$ nicht sehr groß gewählt
worden ist, hat der Koeffiziet φ allein ausschlaggebenden Einfluß
auf den Wirkungsgrad. Man muß sich bei Einführung eines Wertes φ
klar sein, daß näherungsweise

$$\eta_i \sim (1 - \varphi)$$

ist.

Es zeigt sich also bei Überdruckturbinen eine besonders günstige
Verwendung des gewählten Verlustkoeffizienten φ, der in derselben
Weise wie bei den Druckturbinen aus der Beobachtung der Dampfzustände am Anfang und Ende einer Stufenreihe bei einer ausgeführten Turbine ermittelt werden kann.

Hat man im Mollierdiagramm die Zustandsänderung eingezeichnet, dann hat man schließlich in der Nachmessung des
Wertes AL_i eine Kontrolle der Zeichnung.

Für die Ausführung der Turbine sind nun die notwendigen
Schaufellängen an den einzelnen wichtigen Stellen (Eintritt und
Austritt Leitrad) zu bestimmen, und zwar genügt es, dazu im allge-
meinen das Volumen bei Austritt erstes Leitrad und Austritt letztes
Laufrad dem Mollierdiagramm zu entnehmen.

Nachdem die notwendige sekundliche Dampfmenge aus

$$G = \frac{632}{A L_i} \cdot \frac{N_i}{3600}$$

ermittelt ist, erhält man die Schaufellänge für Austritt 1. Leitrad zu

$$l_{Le} = \frac{F}{D\,\pi} = \frac{G \cdot v_{Le}}{c_a \cdot D \cdot \pi},$$

für Austritt letztes Laufrad zu

$$l_{La} = \frac{G \cdot v_{La}}{c_a \cdot D \cdot \pi} \quad \text{oder} \quad \frac{l_{Le}}{l_{La}} = \frac{v_{Le}}{v_{La}}.$$

In einer Stufenreihe wird doch dasselbe Schaufelprofil für die
Lauf- und Leiträder verwendet und diese in regelmäßigen Abständen
angeordnet. Aus Gründen der Herstellung müßte wohl die Überdruckturbine, die mit demselben Schaufelprofil bei gleichen Einsatzwinkeln in einer Stufenreihe gebaut wird, im Übergang vom ersten
Leitrad bis zum letzten Laufrad mit kegelförmiger Begrenzung
angegeben werden (Fig. 22). Theoretisch wäre der Übergang nach
der genauen Volumenänderung festzulegen.

Natürlich muß die Überdruckturbine mit mehreren Stufenreihen gebaut werden, und es ist das angegebene Verfahren auf
jede derselben anzuwenden. Für eine Turbine mit S Stufenreihen

ist AL_i und η_i auch in einfacher Weise sowohl durch Rechnung als auch aus dem Mollierdiagramm anzugeben: AL_i für die ganze Turbine ist einfach die Summe der AL_i für jede Stufenreihe

$$(AL_i)_{\text{Total}} = (AL_i)_{\text{I}} + (AL_i)_{\text{II}} + \ldots (AL_i)_s = \Sigma\,(AL_i)_{\text{I}}^s.$$

Ist im Mollierdiagramm nach Fig. 25 am Ende jeder Stufen- reihe der Austrittsverlust eingetragen worden, so gibt der Abstand

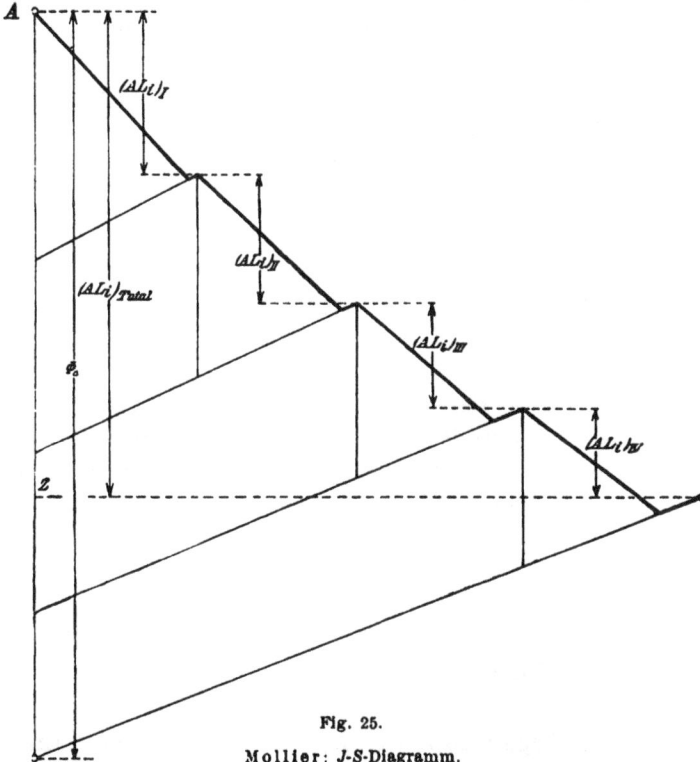

Fig. 25.

Mollier: J-S-Diagramm.

des Punktes Z vom Anfangszustand A den Wert AL_i der ganzen Tur- bine, wie aus dem Diagramm einfach abzulesen ist; damit ist auch die einfache Art der Wirkungsgradbestimmung aus dem Mollier- diagramm gezeigt:

$$\eta_i = \frac{(AL_i)_{\text{Total}}}{\Phi_0}.$$

AL_i darf für die ganze Turbine auf keinen Fall als Differenz von totalem Wärmegefälle und Summe aller Verluste gerechnet werden, weil bei dieser Rechnung nicht Rücksicht genommen wäre auf die rückgewinnbare Reibungswärme.

b) Turbine mit konstanten Schaufellängen.

(Siehe Fig. 22).

Für die Ausführung ist es sehr teuer und schwierig, die Turbine mit konstanten Winkeln bei kegelförmiger Begrenzung auszuführen; deshalb werden konstante Winkel bzw. dasselbe Schaufelprofil mit verschiedenen Einsatzwinkeln eingebaut und zylindrische Begrenzung gewählt. Je näher man an der Niederdruckseite, desto häufiger wird der Durchmesser abgesetzt, um eben der Volumenvergrößerung Rechnung zu tragen.

Nachstehend wird gezeigt, wie bei »konstanter Schaufellänge in einer Stufenreihe«, also zylindrischer Begrenzung des Schaufelkanals, die theoretisch notwendigen Schaufelwinkel entwickelt werden können.

Mit der Vorschrift, daß in allen Laufrädern gleichviel Arbeit geleistet werden soll, ist es ausgeschlossen, daß sich — abgesehen von der Umfangsgeschwindigkeit — die absoluten und relativen Dampfgeschwindigkeiten in den einzelnen Leit- und Laufrädern wiederholen.

Im übrigen ist derselben Bedingungsgleichung Genüge zu leisten, wie sie bei demselben Fall für die Druckturbine aufgestellt worden ist; macht man dieselben Voraussetzungen wie dort, so lautet die Bedingung für konstante Schaufellänge

$$\frac{c^a}{c^e} = \frac{v^a}{c^e};$$

die Axialgeschwindigkeiten in zwei Querschnitten müssen sich wie die dort vorhandenen spezifischen Volumen verhalten. Nur ist hier die Gleichung sowohl für das Leitrad als auch für das Laufrad anzuwenden.

Die dazugehörige Hauptgleichung entsteht wie folgt: Im 1. Leitrad soll die Geschwindigkeit von Null auf c_1 steigen, entsprechend der Gleichung

$$(1 - \varphi)\, \Phi_1 = \frac{A}{2g} \cdot c_1^2.$$

Soll nun in allen folgenden Lauf- und Leiträdern gleichviel Wärmegefälle umgesetzt werden, so kann für s-Stufen die Identitätsgleichung angeschrieben werden:

$$(2s - 1)(1 - \varphi)\, \Phi_n = (2s - 1)(1 - \varphi)\, \Phi_n.$$

Addiert man beide Gleichungen, so erhält man

$$(1 - \varphi)\,[\Phi_1 + (2s - 1) \cdot \Phi_n] = \frac{A}{2g} \cdot c_1^2 + (2s - 1)(1 - \varphi)\, \Phi_n.$$

Aber wie bei den Druckturbinen

$$\Phi_1 + (2s-1)\,\Phi_n = \Sigma(\Phi) = \mu \cdot \Phi_o,$$

wobei der Faktor μ dieselbe Bedeutung wie früher hat. Damit wird die Hauptgleichung

$$\frac{A}{2g} \cdot c_1{}^2 + (2s-1)\,(1-\varphi)\,\Phi_n = (1-\varphi) \cdot \mu \cdot \Phi_o \quad . \quad . \quad (8)$$

Als Veränderliche sind die Werte c_1 und Φ_n zu betrachten (Gleichung einer Parabel).

Grenzwerte von Φ_n:

$$(\Phi_n)_{\min} = 0; \quad (\Phi_n)_{\max} = \frac{\mu \cdot \Phi_o}{(2s-1)};$$

Grenzwerte von c

$$(c_1)_{\min} = 0; \quad (c_1)_{\max} = \sqrt{(1-\varphi)\,\mu \cdot \Phi_o \cdot \frac{2g}{A}},$$

entsprechend der dem ganzen Wärmegefälle zugehörigen Geschwindigkeit einer einfachen Druckturbine.

Um in einem gegebenen Fall sofort eine zweckmäßige Annahme für c_1 zu bekommen, überlege man, daß das Wärmegefälle in $2s$ Teile, von denen $(2s-1)$ untereinander gleich sind, zerlegt werden muß. Man wird näherungsweise für c_1 einen brauchbaren Wert erhalten, wenn man den Wärmewert der kinetischen Energie von c_1 gleich dem $2s$. Teil von Φ_o setzt

$$\frac{A}{2g} \cdot c_1{}^2 \backsim \frac{\Phi_o}{2s}.$$

Ist Größe und Richtung von c_1 festgelegt, so würde man mit Ausnahme einer beliebigen Umfangsgeschwindigkeit das Eintrittsdreieck des 1. Laufrades erhalten; die Veränderung der relativen Geschwindigkeit wäre zu ermitteln nach der Gleichung

$$\frac{A}{2g}\,(w_2{}^2 - w_1{}^2) = (1-\varphi)\,\Phi_n.$$

Φ_n wäre dem angenommenen c_1 entsprechend aus der Hauptgleichung zu berechnen, für Ein- und Austritt das spezifische Volumen zu bestimmen und damit schließlich die axiale Geschwindigkeit für Austritt 1. Laufrad bzw. die Axialkomponente der relativen Austrittsgeschwindigkeit zu ermitteln.

So ist auch die Größe und Richtung von c_2 bestimmt, die bei beliebig angenommenem u einen zufälligen Wert haben wird.

Im 2. Leitrad soll durch das Wärmegefälle diese absolute Geschwindigkeit wieder gesteigert und dem 2. Laufrad zugeführt werden.

Für dieses ist die Axialgeschwindigkeit wieder vorgeschrieben und damit auch die Richtung von c_1.

Größe und Richtung von c_1 des 2. Laufrades werden nun infolge der willkürlichen Annahme von u im allgemeinen mehr oder weniger abweichen von demselben Wert c_1 des 1. Laufrades usw., d. h. bei willkürlicher Annahme eines Wertes u, wie es prinzipiell wohl zulässig ist, erhält man für die Geschwindigkeitsdreiecke ganz unregelmäßige Verhältnisse der Winkel und Geschwindigkeiten.

Man kann nun auf einfache Weise eine Gesetzmäßigkeit in die Entwicklung der Geschwindigkeitsdreiecke bringen, wenn man für das 1. Laufrad die Vorschrift macht, daß die relative Austrittsgeschwindigkeit $w_2 = c_1$ wird. Damit wird aber die relative Eintrittsgeschwindigkeit w_1 vorgeschrieben, weil durch das bekannte Wärmegefälle die Steigerung der Geschwindigkeit w_1 auf w_2 herbeigeführt werden soll:

$$\frac{A}{2g}\left(w_2{}^2 - w_1{}^2\right) = \frac{A}{2g}\left(c_1{}^2 - w_1{}^2\right) = (1 - \varphi)\,\Phi_n,$$

also

$$w_1 = \sqrt{c_1{}^2 - \frac{A}{2g}\left(-\varphi\right)\Phi_n}$$

Mit c_1 und dem so berechneten Wert w_1 kann wie früher, wenn α_1 gegeben, in einfacher Weise die Umfangsgeschwindigkeit konstruiert werden, und wie sich ergeben wird, sind die entsprechenden Geschwindigkeiten der folgenden Stufen nur wenig voneinander verschieden.

Das erste Geschwindigkeitsdreieck gibt die erste axiale Geschwindigkeit des Diagramms für Eintritt 1. Laufrad. Werden für die Übergangsstellen von Leitrad zu Laufrad die jeweils vorhandenen spezifischen Volumen der Zustandsänderung im Mollierdiagramm entnommen, so ergeben sich aus der Bedingungsgleichung für konstante Schaufellänge die axialen Geschwindigkeiten für Eintritt und Austritt aller übrigen Leit- und Laufräder.

Axialgeschwindigkeit bei Austritt 1. Laufrad $= \dfrac{c_a}{v}$ für Eintritt 1. Laufrad $\times v$ für Austritt 1. Laufrad, Achsialgeschwindigkeit bei Eintritt 2. Laufrad $= \dfrac{c^a}{v}$ für Eintritt 1. Laufrad $\times v$ für Eintritt 2. Laufrad etc.

Die zur Ermittlung der Volumina notwendige Zustandsänderung kann in einfachster Weise gezeichnet werden, wenn c_1 und Φ_n festgelegt ist:

Man berechne:

Wärmegefälle des 1. Leitrades $\Phi_1 = \dfrac{A}{2g} \cdot \dfrac{c_1{}^2}{(1-\varphi)}$,

Verlust im 1. Leitrad $= \varphi \cdot \Phi_1$,

Wärmegefälle in allen folgenden Lauf- und Leiträdern: Φ_n,

Verlust in denselben: $\varphi \cdot \Phi_n$.

Mit diesen Werten kann die Zustandsänderung gezeichnet werden, und es sei hier darauf hingewiesen, daß die eigentliche Zustandskurve (ohne Austrittsverlust) bei der Überdruckturbine unabhängig von der Kenntnis der Geschwindigkeitsdreiecke ist.

Wegen des praktischen Zusammenfassens von kleinen Wärmegefällen sei auf die diesbezüglichen Bemerkungen bei den Druckturbinen verwiesen.

Sind unter Verwendung der spezifischen Volumina alle Axialgeschwindigkeiten berechnet, so können diese in das Geschwindigkeitsdiagramm eingetragen werden, und die Entwicklung 'der noch fehlenden Diagramme kann beginnen.

Dazu kann ein höchst einfaches mechanisches Verfahren in Anwendung kommen. Man beachte, daß stets zur Berechnung einer neuen, folgenden Geschwindigkeit der Wert $\dfrac{2g}{A}(1-\varphi)\Phi_n$ gebraucht wird, z. B. für die Relativgeschwindigkeiten der Laufräder

$$w^2{}_{\text{Austritt}} = w^2{}_{\text{Eintritt}} + \frac{2g}{A}(1-\varphi)\Phi_n$$

bzw. für die absoluten Geschwindigkeiten der Leiträder

$$c^2{}_{\text{Austritt}} = c^2{}_{\text{Eintritt}} + \frac{2g}{A}(1-\varphi)\Phi_n.$$

Es liegt nahe, dafür das Quadrat einer Geschwindigkeit einzuführen und mit dieser aus rechtwinkligen Dreiecken die Geschwindigkeiten zu entwickeln.

Setzt man

$$\frac{2g}{A}(1-\varphi)\Phi_n = m^2$$

und trägt man im Geschwindigkeitsdiagramm (Fig. 26) im Maßstab der Geschwindigkeiten m in A und B an, so können mit dem Meßzirkel alle Dreieckspitzen festgelegt werden. Trägt man w_1 auf der Richtung von u ab, so gibt $C-D$ die relative Austrittsgeschwindigkeit des 1. Laufrades; die Richtung ist durch c_a für Austritt 1. Laufrad vorgeschrieben, damit wird c_2 für Austritt 1. Laufrad erhalten; c_2 auf

die Richtung von u gedreht, gibt in $E-F$ die absolute Eintrittsgeschwindigkeit in das 2. Laufrad. Die Richtung ist wieder durch
c_a' vorgeschrieben, c_1 mit u gibt w_1 für Eintritt 2. Laufrad, w_1 auf u
gedreht liefert mit m die relative Austrittsgeschwindigkeit w_2 des
2. Laufrades etc.

Eine Reihe durchgeführter Beispiele ergab als geometrischen

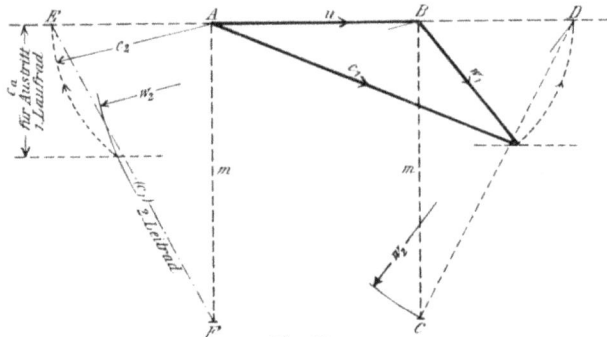

Fig. 26.

Ort für die Dreiecksspitzen ungefähr eine gerade Linie, die senkrecht
steht zur Richtung von u.

Verwendet man dieses Erfahrungsgesetz, so ergibt sich folgendes
Verfahren zur Berechnung der Überdruckturbinen mit konstanten
Schaufellängen.

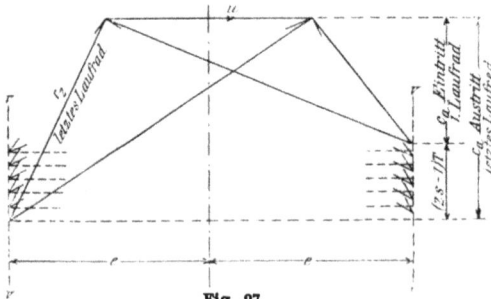

Fig. 27.

Beachtet man, daß
sich bei angenommenen
Verlustkoeffizienten φ die
Zustandsänderung ganz
einfach zeichnen läßt, indem man im Mollierdia-
gramm nur die Ordinate
$(1-\varphi)\,\mu \cdot \varPhi_0$ einzutragen
braucht (Fig. 24), so erhält
man ohne weiteres das Endvolumen bei Austritt letztes
Laufrad; trägt man noch das Wärmegefälle $\varPhi_1$ des 1. Leitrades ein,
so erhält man auch das Dampfvolumen für Eintritt 1. Laufrad.

Ist das 1. Dreieck gezeichnet, so kann auch c_a für Austritt
letztes Laufrad gerechnet werden

$$(c_a)_{\text{letztes Laufrad}} = (c_a)_1 \cdot \frac{v_e}{v_1}.$$

Mit den beiden c_a und dem geometrischen Ort der Dreieckspitzen erhält man sofort die Dreiecke für erstes und letztes Laufrad. Dies wird meistens genügen. Die zwischengelegenen Dreiecke
können erhalten werden, wenn man die Annahme einführt, daß sich
die Dampfvolumen proportional der Stufenzahl ändern. Mit Einführung dieser Annahme hat man nur den Unterschied zwischen
der ersten und letzten Axialgeschwindigkeit (s Laufräder, $2s$ Dreiecke, 2 Dreiecke vorhanden, noch [$2s-2$] Dreiecke zu zeichnen)
(nach Fig. 27) in ($2s-1$) Teile zu zerlegen und erhält in den Schnitt-
punkten der Achsialgeschwindigkeiten mit den Vertikalen $v-v$ die
gesuchten übrigen Dreieckspitzen.

Mit dem letzten Dreieck wird auch der Austrittsverlust gefunden.

Die zu den gezeichneten Dreiecken gehörigen Schaufelprofile
sind, genau genommen, alle voneinander verschieden, doch kann
man praktisch die Ausführung dadurch vereinfachen, daß man für
je eine Gruppe von Schaufeln der Leit- und Laufräder ein mittleres
Profil zur Anwendung bringt.

Das Verfahren ist für jede angenommene Stufenreihe zu
wiederholen.

II. Orientierungsformeln zur Bildung von Stufenreihen.

Die bisher gebrachten Rechenverfahren können bei Rateau-
und Parsons-Turbinen nur dann angewendet werden, wenn die Aufteilung des zur Verfügung stehenden Wärmegefälles in Stufenreihen
bezw. Stufen vorliegt. Die Stufenzahl einer Turbine ist in erster
Linie abhängig von dem Wärmegefälle des ersten Leitrades der ersten
und des letzten Leitrades der letzten Stufenreihe. Sind beide Werte
verhältnismäßig groß, dann kann die Gesamtstufenzahl klein gemacht
werden und umgekehrt. So sehr aber einerseits wegen der Aus-
führungskosten eine geringe Stufenzahl anzustreben ist, so schwierig
ist es anderseits, mit wenig Stufen eine Turbine mit gutem Wirkungsgrad zu erhalten; dabei ist nicht zu übersehen, daß bei einer über-
mäßig großen Stufenzahl infolge des großen Dampfweges die Verluste wieder bedeutend anwachsen.

Wenn für einen gewissen Fall das Wärmegefälle im ersten und letzten Leitrad vorgeschrieben ist, so hat man mit diesen beiden Werten die Stufenzahl noch nicht festgelegt. Je mehr Stufen angenommen werden, desto allmählicher kann die Zunahme der Wärmegefälle bzw. die Arbeitsleistung pro Stufe eingerichtet werden. Sieht man verhältnismäßig wenig Stufen vor, so muß der Unterschied in den Einzelwärmegefällen der Stufenreihen groß gemacht werden und umgekehrt.

Sind z. B. in einer Überdruckturbine 200 Kal. Wärmegefälle umzusetzen, und man will in der ersten Stufenreihe pro Druckstufe 1 Kal., in der letzten Reihe 7 Kal. haben, so kann mit diesen beiden Werten eine beliebige Zahl von Kombinationen hergestellt werden, die sich in den Stufenreihen und der Stufenzahl voneinander unterscheiden.

Für 4 Stufenreihen seien folgende zwei Kombinationen angeführt:

a) mit wenig Stufen:

1. Stufenreihe: 30 Druckstufen à 1 Kal. = 30 Kal.
2.   »   24   »   3   »   = 72   »
3.   »   14   »   5   »   = 70   »
4.   »   4   »   7   »   = 28   »

$$\frac{72}{2} = 36 \text{ Stufen} \qquad \text{mit 200 Kal.}$$

b) mit vielen Stufen:

1. Stufenreihe: 50 Druckstufen à 1   Kal. = 50   Kal.
2.   »   30   »   1,96   »   = 58,8   »
3.   »   16   »   3,96   »   = 63,3   »
4.   »   4   »   7,0   »   = 28   »

$$\frac{100}{2} \text{ 50 Stufen} \qquad \text{mit 200,1 Kal.}$$

für 5 Stufenreihen:

a) mit wenig Stufen

1. Stufenreihe: 30 Druckstufen à 1   Kal. = 30 Kal.
2.   »   22   »   2,5   »   = 55   »
3.   »   14   »   4,0   »   = 56   »
4.   »   8   »   5,62   »   = 45   »
5.   »   2   »   7,0   »   = 14   »

$$\frac{76}{2} = 38 \text{ Stufen} \qquad \text{mit 200 Kal.}$$

b) mit vielen Stufen:

1. Stufenreihe:	46 Druckstufen	à	1	Kal.	=	46	Kal.
2. »	32	»	1,5	»	=	48	»
3. »	20	»	2,2	»	=	44	»
4. »	12	»	4,0	»	=	48	»
5. »	2	»	7,0	»	=	14	»

$$\frac{112}{2} = 56 \text{ Stufen} \qquad \text{mit 200 Kal.}$$

Die vier angeführten Beispiele sind bezüglich der erreichbaren Wirkungsgrade fast gleich, weil die Wärmegefälle in dem ersten und letzten Leitrad gleich angenommen worden sind; die Aufteilung für 5 Stufenreihen würde etwas schlechtere Resultate ergeben, weil hier mit 5 Übergangs- bzw. Austrittsverlusten zu rechnen ist, wovon insbesondere jener der letzten Stufenreihe mit nur 2 Stufen verhältnismäßig groß ausfallen würde.

Am vorteilhaftesten erscheint die Annahme mit 4 Stufenreihen und wenig Stufen, es ist sowohl in der Stufenzahl als auch in den Wärmegefällen ein stetiger Übergang vorgesehen.

Wesentlich für die ganze Turbine sind stets die Wärmegefälle des ersten und letzten Leitrades. Kleine Wärmegefälle in den Schaufelkränzen der 1. Stufenreihe ergeben kleine Dampfgeschwindigkeiten, und ermöglichen größere Achsialquerschnitte und im speziellen bei Druckturbinen größere Beaufschlagung, die Spaltverluste werden klein sein, aber es sind viele Stufen vorzusehen.

Im Gegensatze dazu wird man bei großen Wärmegefällen in der 1. Stufenreihe kleine Querschnitte, große Spalt- und Austrittsverluste und größere Durchmesser bekommen.

Der Austrittsverlust am Ende der 1. Stufenreihe hat schließlich weniger Bedeutung, weil er in Form von absoluter Geschwindigkeit oder erhöhter Erzeugungswärme der folgenden Stufenreihe zugute kommt; ausschlaggebend ist allein der Spaltverlust, den man zulassen will. Dieser Spaltverlust wird im wesentlichen vom Verhältnis der Spalthöhe zur Schaufellänge bzw. vom Verhältnis der Schaufellänge zum mittleren Raddurchmesser abhängen. Ist l die Schaufellänge und D der Raddurchmesser, so wird die Qualität der 1. Stufenreihe neben anderem bedingt sein durch den Wert des Verhältnisses $\frac{l}{D} = k$, und deshalb soll in den folgenden »Orientierungsformeln« auch mit diesem Koeffizienten gerechnet werden.

Bezüglich der Wärmegefälle in den letzten Stufen der Turbine wäre zu bemerken, daß sich dort meistens befriedigende Verhältnisse herbeiführen lassen, nur darf das Wärmegefälle nicht zu groß werden, weil sonst der Dampf mit zu großer Geschwindigkeit nach dem Kondensator abströmt. Je nach den besonderen Verhältnissen wird der Austrittsverlust des letzten Rades einen gewissen Prozentsatz des ganzen Wärmegefälles ausmachen dürfen.

I. Formeln für die Überdruckturbinen.

Mit den bisher benutzten Bezeichnungen lautet die Kontinuitätsgleichung $F c_a = G \cdot v$, wobei $F = D \pi \cdot l$.

Führt man den Koeffizienten k ein, so erhält man

$$F = \frac{\pi \cdot D^2}{k}.$$

Setzt man $c_a = u \cdot \left(\frac{c_a}{u}\right)$ und $u = \frac{\pi D n}{60}$ bzw. $c_a = \frac{\pi \cdot D n}{60} \left(\frac{c_a}{u}\right)$ in die Kontinuitätsgleichung ein, so ergibt sich

$$F = \frac{G \cdot v}{c_a} = \frac{G \cdot v \cdot 60}{\pi \cdot D n \cdot \left(\frac{c_a}{u}\right)} = \frac{\pi D^2}{k}$$

und daraus eine Gleichung für den mittleren Raddurchmesser an einer beliebigen Stelle der Turbine

$$D = \sqrt[3]{\frac{60 \cdot G \cdot v \cdot k}{\pi^2 \cdot n \cdot \left(\frac{c_a}{u}\right)}} = \sqrt[3]{v \cdot k \cdot \left(\frac{u}{c_a}\right) \cdot C_1} \quad . \quad . \quad . \quad (9)$$

wobei

$$C_1 = \frac{60 \, G}{\pi^2 \cdot n}.$$

Dabei ist der Raddurchmesser mit G von der Leistung der Turbine abhängig gemacht. $n =$ Tourenzahl der Turbine, $v =$ spez. Volumen an der betreffenden Stelle, k und $\frac{c_a}{u}$ ist anzunehmen. Für die 1. Stufe einer Turbine wählt man zweckmäßig:

$$k = 20 \text{ bis } 25, \quad \frac{c_a}{u} = 1{,}0 \text{ bis } 1{,}5,$$

für die letzte Stufe

$k = 6$ bis 10 (maximale Schaufellänge von der Stärke des Schaufelprofils und von der Befestigungsart abhängig. Beanspruchung durch Zentrifugalkraft).

$\frac{c_a}{u}$ wie oben.

Die Gleichung (9) kann natürlich je nach Erfordernis bei vorgeschriebenem D auch zur Berechnung von $\frac{c_a}{u}$ verwendet werden.

Auf einfache Weise erhält man auch eine Formel für die Umfangsgeschwindigkeit, wenn man in $u = \frac{D \cdot \pi \cdot n}{60}$ den bereits gefundenen allgemeinen Ausdruck für D einsetzt.

Man erhält

$$u = \sqrt[3]{\frac{\pi \cdot G \cdot n^2}{60^2} \cdot \frac{v \cdot k}{\left(\frac{c_a}{u}\right)}} = \sqrt[3]{C_2 \cdot \frac{v \cdot k}{\left(\frac{c_a}{u}\right)}} \quad . \quad . \quad . \quad (10)$$

wobei $C_2 = \frac{\pi \cdot G \cdot n^2}{60^2}$.

Bei gegebenem u kann diese Gleichung zur Ermittlung des notwendigen Geschwindigkeitsverhältnisses $\left(\frac{c_a}{u}\right)$ Verwendung finden.

Endlich können noch Gleichungen für die Dampfgeschwindigkeiten und das Wärmegefälle aufgestellt werden:

Es ist

$$c_1 = \frac{c_{1a}}{\sin \alpha_1} = \left(\frac{c_{1a}}{u}\right) \cdot \frac{u}{\sin \alpha_1}$$

$$= \frac{1}{\sin \alpha_1} \cdot \sqrt[3]{C_2 \cdot v \cdot k \cdot \left(\frac{c_{1a}}{u}\right)^2}.$$

Kann die Dampfeintrittsgeschwindigkeit in ein Leitrad gleich Null gesetzt werden, so gilt die Gleichung

$$\frac{A}{2\,g} \cdot c_1{}^2 = (1 - \varphi)\,\Phi,$$

und die allgemeine Gleichung für das Wärmegefälle eines Leitrades (mit $c_2 = 0$) lautet:

$$\Phi = \frac{A}{2\,g} \cdot \frac{c_1{}^2}{(1 - \varphi)} = \frac{A}{2\,g\,(1 - \varphi)\,\sin^2 \alpha_1} \cdot \left(C_2 \cdot v \cdot k \cdot \left(\frac{c_{1a}}{u}\right)^2\right)^{\frac{2}{3}} \quad . \quad . \quad (11)$$

Ist mit einer Eintrittsgeschwindigkeit c_2 zu rechnen, so kann für die Überdruckturbine $w_1 = c_2$ eingeführt werden, und die Gleichung für das aufzuwendende Wärmegefälle ergibt sich zu

$$(1 - \varphi)\,\Phi = \frac{A}{2\,g}\,(c_1{}^2 - c_2{}^2) = \frac{A}{2\,g}\,(c_1{}^2 - w_1{}^2),$$

daraus

$$\Phi = \frac{A}{2g(1-\varphi)}(c_1{}^2 - w_1{}^2) = \frac{A}{2g(1-\varphi)} \cdot \left(1 - \left(\frac{w_1}{c_1}\right)^2\right) \cdot c_1{}^2 =$$

$$= \frac{A}{2g} \cdot \frac{\left(1 - \left(\frac{w_1}{c_1}\right)^2\right)}{(1-\varphi)\sin^2\alpha_1}\left(C_2 \cdot v \cdot k \cdot \left(\frac{c_{1a}}{u}\right)^2\right)^{\frac{2}{3}} \quad \cdot \quad \cdot \quad \cdot \quad (12)$$

Die in der Gleichung vorkommende Verhältniszahl $\left(\frac{w_1}{c_1}\right)$ ist

nicht willkürlich, sie ist von $\left(\frac{c_{1a}}{u}\right)$ abhängig.

Da $\qquad\qquad c_1 \cdot \sin \alpha_1 = c_{1a}$

und $\quad w_1{}^2 = c_1{}^2 + u^2 - 2\,u_1 \cdot \cos\alpha_1,$

wird $\quad \left(\frac{w_1}{c_1}\right)^2 = 1 + \left(\frac{u}{c_1{}^a}\right)^2 \cdot \sin\alpha_1 - \left(\frac{u}{c_{1a}}\right) \cdot \sin 2\,\alpha_1.$

Ist also $\left(\frac{c_{1a}}{u}\right)$ angenommen, so muß $\left(\frac{w_1}{c_1}\right)$ dazu berechnet werden.

Zur leichteren Anwendung der Formeln sei in einer Tabelle der Zusammenhang der beiden Verhältniszahlen angegeben.

$$\text{Tabelle für } \left(\frac{w_1}{c_1}\right) \text{ abhängig von } \left(\frac{c_a}{u}\right).$$

$\dfrac{c_a}{u}$	0,5	0,75	1,0	1,25	1,50
$\alpha_1 = 15^\circ$	0,518	0,675	0,755	0,802	0,821
$\alpha_1 = 25^\circ$	0,432	0,542	0,642	0,706	0,755

Da die Wärmegefälle in den Laufrädern doch stets gleich jenen der Leiträder gemacht werden, erübrigt es sich, die Formeln für die Relativgeschwindigkeiten der Laufräder zu wiederholen; es wären nur an Stelle der absoluten die relativen Geschwindigkeiten in die Gleichungen einzusetzen.

Gleichung 11, insbesondere Gleichung 12 kann natürlich auch zur Berechnung anderer Größen Verwendung finden, wenn das Wärmegefälle gegeben ist.

Die letzten Formeln sind ziemlich umständlich in der Anwendung, und man kann die direkte Ausrechnung des Wärmegefälles natürlich umgehen, wenn man nach Annahme eines Wertes $\left(\frac{c_a}{u}\right)$ schrittweise in der Berechnung vorgeht. So kann z. B. zuerst der

Raddurchmesser oder u gerechnet werden; mit dem angenommenen Verhältnis $\left(\dfrac{c_a}{u}\right)$ erhält man c_a.

Ist α_1 vorgeschrieben, dann ergibt sich mit den bisher genannten Größen c_1 und w_1, und damit kann man auch das Wärmegefälle rechnen

$$\varPhi = \frac{A}{2g} \cdot \frac{(c_1{}^2 - w_1{}^2)}{(1 - \varphi)}.$$

2. Formeln für die Gleichdruckturbinen.

Die entsprechenden Formeln für die Gleichdruckturbinen unterscheiden sich von jenen für die Überdruckturbinen nur durch die Einführung der Beaufschlagungsziffer ε; es ist hier für den Querschnitt zu setzen

$$F = \varepsilon \cdot D \cdot \pi \cdot l = \frac{\varepsilon \cdot D^2 \cdot \pi}{k}.$$

Mit

$$c_a = \frac{\pi \cdot D \cdot n}{60} \cdot \left(\frac{c_a}{u}\right)$$

erhält man wieder

$$D = \sqrt[3]{\frac{1}{\varepsilon} \cdot \frac{60\,G}{\pi^2 \cdot n} \cdot \frac{v \cdot k}{\left(\dfrac{c_a}{u}\right)}} \qquad \ldots \quad \ldots \quad (13)$$

bzw. die Gleichung für die Umfangsgeschwindigkeit

$$u = \sqrt[3]{\frac{1}{\varepsilon} \cdot \frac{G \cdot \pi \cdot n^2}{60^2} \cdot v \cdot k \left(\frac{c_a}{u}\right)^2} \qquad \ldots \quad \ldots \quad (14)$$

Ist das Wärmegefälle für ein Leitrad ohne Eintrittsgeschwindigkeit zu bestimmen, so rechne man

$$\varPhi = \frac{A}{2g\,(1-\varphi)\sin^2\alpha_1} \cdot \left(\frac{1}{\varepsilon} \cdot \frac{\pi \cdot G \cdot n^2}{60^2} \cdot v \cdot k \cdot \left(\frac{c_a}{u}\right)^2\right)^2 \qquad \ldots \quad (15)$$

(Für erstes Leitrad einer Rateauturbine nehme man $\varepsilon = 0{,}14 - 0{,}20$, für das letzte Leitrad $\varepsilon = 1{,}0$.)

Ist im Leitrad die Geschwindigkeit von einem Wert c_2 auf c_1 zu beschleunigen, so gilt

$$\varPhi = \frac{A}{2g} \cdot \frac{\left(1 - \left(\dfrac{c_a}{c_1}\right)^2\right)}{(1-\varphi)\cdot\sin^2\alpha_1} \left(\frac{1}{\varepsilon} \cdot \frac{\pi \cdot G \cdot n^2}{60^2} \cdot v \cdot k \cdot \left(\frac{c}{u}\right)^2\right)^{\frac{2}{3}} \qquad \ldots \quad (16)$$

Die Anwendung der Formel ist deshalb erschwert, weil hier der Zusammenhang zwischen den Geschwindigkeitsverhältnissen $\left(\dfrac{c_2}{c_1}\right)$ und $\left(\dfrac{c_{1a}}{u}\right)$ ein ziemlich verwickelter ist. Soll für die Axialgeschwindigkeiten allgemein das Verhältnis

$$\frac{c_{2a}}{c_{1a}} = m$$

berücksichtigt werden und wird für die Relativgeschwindigkeiten wieder das Verhältnis

$$\frac{w_2}{w_1} = \psi$$

eingeführt, so erhält man die verlangte Beziehung aus

$$w_2{}^2 = c_2{}^2 + u^2 + 2 u\,c_2 \cos \alpha_2 = \psi^2 \cdot w_1{}^2 = \psi^2\,(c_1{}^2 + u^2 - 2 u\,c_1 \cdot \cos \alpha_1)$$

$$c_2 \cdot \sin \alpha_2 = c_{2a}; \; c_1 \cdot \sin \alpha_1 = c_{1a}; \; \frac{c_2}{c_1} \cdot \frac{\sin \alpha_2}{\sin \alpha_1} = m$$

Daraus

$$\sin \alpha_2 = \frac{c_1}{c_2} \cdot m \cdot \sin \alpha_1$$

und
$$\cos \alpha_2 = \sqrt{1 - \sin^2 \alpha_1} = \sqrt{1 - \left(\frac{c_1}{c_2}\right)^2 \cdot m^2 \cdot \sin^2 \alpha_1}.$$

Setzt man diesen Wert in den oberen Gleichungssatz ein und dividiert gleichzeitig mit $c_1{}^2$, so wird

$$\left(\frac{c_2}{c_1}\right)^2 + \left(\frac{u}{c_1}\right)^2 + 2 \left(\frac{u}{c_1}\right) \cdot \left(\frac{c_2}{c_1}\right) \sqrt{\left(-\left(\frac{c_1}{c_2}\right)^2 \cdot m^2 \cdot \sin^2 \alpha_1\right.}$$

$$= \psi^2 \left(1 + \left(\frac{u}{c_1}\right)^2 - 2 \left(\frac{u}{c_1}\right) \cdot \cos \alpha_1\right).$$

Substituiert man überall für c_1 seinen Wert $= \dfrac{c_{1a}}{\sin \alpha_1}$, so hat man die gesuchte Gleichung, die bei eventuellem weiteren Gebrauch zweckmäßig nach $\left(\dfrac{u}{c_{1a}}\right)$ aufzulösen wäre. Es erscheint dagegen einfacher, zwei zusammengehörige Werte von $\left(\dfrac{u}{c_{1a}}\right)$ und $\left(\dfrac{c_2}{c_1}\right)$ aus einer Reihe beliebiger Geschwindigkeitsdreiecke zu ermitteln, wie es in nachstehender Zahlentafel für verschiedene Werte von m, α_1, ψ und $\left(\dfrac{u}{c_{1a}}\right)$ geschehen ist.

$$\text{Tabelle für } \left(\frac{c_2}{c_1}\right).$$

	m	$\alpha_1 = 15^0$			$\alpha_1 = 25^0$		
		$\frac{c_0}{u} = 0,5$	0,75	1,0	0,5	0,75	1,0
$\psi = 1,0$	1,0	0,271	0,371	0,513	0,892	0,479	0,422
	0,75	0,200	0,350	0,500	0,645	0,341	0,344
	0,5	0,129	0,336	0,494	0,516	0,221	0,280
$\psi = 0,9$	1,0	0,291	0,327	0,445	—	0,536	0,425
	0,75	0,213	0.299	0,432	0,720	0,373	0,322
	0,5	0,148	0,277	0,422	0,580	0,244	0,238
$\psi = 0,80$	1,0	0,323	0,290	0,387	—	0,645	0,445
	0,75	0,245	0,247	0,367	0,795	0,418	0,317
	0,5	0,181	0,216	0,354	0,623	0,284	0,217

Sowohl bei der Überdruckturbine wie bei der Gleichdruckturbine ist der Gebrauch der beiden Wärmegleichungen derart vorzunehmen, daß man Gleichung 11 und 15 stets für das erste, Gleichung 12 und 16 für das letzte Leitrad anwendet. Es genügt vollständig, die Verhältnisse für diese beiden Leiträder zu verfolgen, weil, wie bereits hervorgehoben, diese allein für die Dimensionierung der Turbine maßgebend sind.

Die sekundliche Dampfmenge G, welche in den Formeln vorkommt, muß für diese Rechnungen näherungsweise durch Annahme des Wirkungsgrades der Turbine errechnet werden aus

$$G = \frac{632 \cdot N_i}{3600 \cdot \eta_i \cdot \Phi_0}.$$

(Je nach System $\eta_i = 0,50$ bis $0,75$; Φ_0 bedeutet das Wärmegefälle zwischen dem Anfangs- und dem Kondensatordruck.)

Das für das letzte Leitrad einzusetzende Dampfvolumen kann mit Berücksichtigung der entstehenden Verluste dem angenommenen Wirkungsgrad angepaßt werden, indem man sich mit ihm näherungsweise die Zustandsänderung in das Mollierdiagramm einzeichnet.

Hat man sich nach Anwendung der Formeln für gewisse Verhältnisse des ersten und letzten Leitrades entschieden, so kann die Aufteilung des ganzen Wärmegefälles auf Stufen und Stufenreihen vorgenommen werden. Das Gefälle der 1. Stufe wird man mehrmals wiederholen, für die zwischenliegenden Stufenreihen pro Stufe etwas größere Wärmegefälle vorsehen und schließlich Wärmegefälle und

Stufenzahl so verteilen, daß die Summe der Einzelgefälle das zur Verfügung stehende Wärmegefälle ergibt. Darauf kann mit der Detailberechnung begonnen werden (vgl. Abschnitt V).

III. Verwendung von gegebenen Schaufelprofilen zur Turbinenberechnung.

Alles bisher über die Dampfturbinenberechnung Gebrachte erlaubte bezüglich der Entwicklung der Geschwindigkeitsdreiecke nur die Annahme des einen oder des andern Winkels; gewöhnlich wurde mit der Annahme des Winkels α_1 gearbeitet.

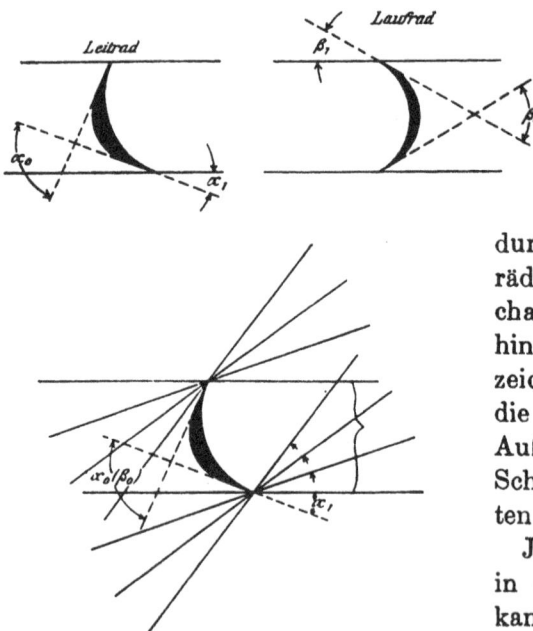

Fig. 28.

Bei dem Einbau der Schaufelprofile sowohl in die Leit- wie in die Laufräder sind nun verschiedene Winkel zu unterscheiden. Das Schaufelprofil selbst ist durch den Winkel α_0 für Leiträder bzw. β_0 für Laufräder charakterisiert, er soll fernerhin als »Rückenwinkel« bezeichnet werden, weil er durch die Richtungen der an der Außenfläche, dem Rücken der Schaufel, gezogenen Tangenten erhalten wird.

Je nachdem nun die Schaufel in das Rad eingesetzt wird, kann die Radbreite größer oder kleiner gemacht werden. Durch verschiedene Stellungen der Schaufel zur Radkante können beliebige Winkel, α_1 bzw. β_1, im folgenden stets mit »Einsatzwinkel« bezeichnet, eingestellt werden, und gerade durch diese Einsatzwinkel wird die Arbeitsfähigkeit der Schaufelung stark beeinflußt, weil durch sie die Axialquerschnitte bedingt sind.

Nun kann man mit besonderer Berücksichtigung dieser Rücken-
und Einsatzwinkel sowohl für Druck als auch für Überdruckturbinen
zweierlei Aufgaben stellen:

Es kann verlangt werden

1. die Berechnung einer Turbine mit Verwendung gegebener
   Schaufelprofile, also mit Berücksichtigung des Rückenwinkels,
2. die Berechnung einer Turbine bei vorgeschriebenen Schaufel-
   profilen und Einsatzwinkeln.

Wenn es für die gestellten Forderungen eine Lösung gibt, so
hat diese wohl eine gewisse praktische Bedeutung, weil die Fabri-
kation ein für allemal mit einer gewissen Zahl von Schaufelnor-
malien auskommen kann; auch wird der Ersatz und eine eventuelle
Reparatur einfacher.

Die gestellten Aufgaben sollen nun der Reihe nach, zuerst für
Druckturbinen, dann für Überdruckturbinen behandelt werden.

A. Gleichdruckturbinen.

I. Mit vorgeschriebenem Rückenwinkel berechnet, der Einsatzwinkel ist freigegeben.

a) Rückenwinkel nur für das Leitrad vorgeschrieben.

Man rechne aus der für die Druckturbinen aufgestellten
Gleichung

$$\frac{A}{2\,g}\,(s \cdot c_1{}^2 - (s-1)\,c_2{}^2) = (1-\varphi) \cdot \mu \cdot \Phi_0$$

zwei zusammengehörige Werte c_1 und c_2 und trage deren Größen auf
den Schenkeln des gegebenen Win-
kels α_0 ab. Über $A-B$ in Fig. 29
konstruiere man dann die Kurve k,
deren Punkte in ihren Abständen
von A und B das verlangte Verhältnis zwischen den Relativgeschwindigkeiten ergeben. Es ergibt sich,
daß für die Bestimmung des Lauf-
raddreieckes noch ein Freiheitsgrad
übrigbleibt. Man kann die Umfangsgeschwindigkeit in gewissen

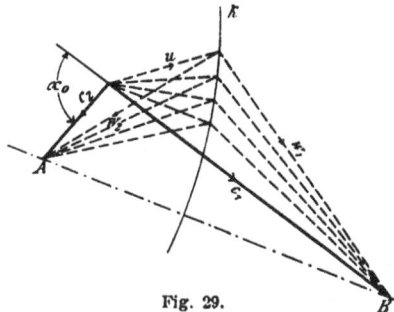

Fig. 29.

Grenzen beliebig annehmen oder ein bestimmtes Verhältnis für die
Axialgeschwindigkeiten einführen, man kann also auch näherungsweise konstante Schaufellängen möglich machen.

b) Rückenwinkel nur für das Laufrad vorgeschrieben.

Man trage auf den Schenkeln des Laufradwinkels β_0 zwei beliebige Strecken auf, die das Verhältnis $\psi = \dfrac{w_2}{w_1}$ ergeben; zieht man Parallelen zur Verbindungslinie $A - B$, so kann man durch Schlagen zweier Kreisbogen mit den Radien c_2 und c_1 aus 2 zu-

Fig. 30.

sammengehörigen Punkten einer Parallelen AB, $A_1 B_1$, $A_2 B_2$ etc. die Stellung des Leitraddreieckes erhalten, von denen beliebig viel gezeichnet werden können. Da die einzelnen Dreieckspaare immer eine andere Umfangsgeschwindigkeit und ein anderes Verhältnis der Axialgeschwindigkeiten ergeben, sind auch hier konstante Schaufellängen ausführbar.

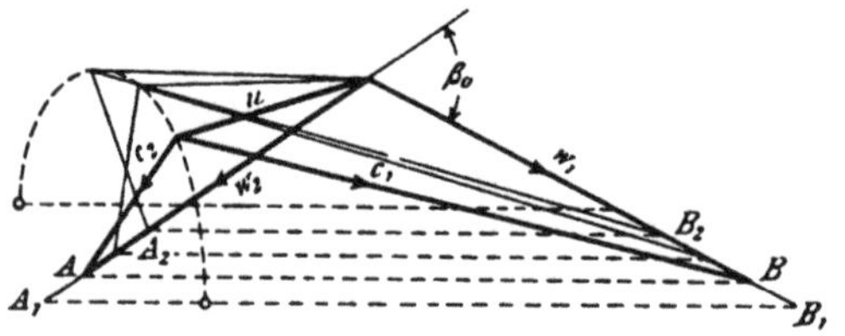

c) Rückenwinkel für Leit- und Laufrad vorgeschrieben.

Hier bleibt kein Freiheitsgrad mehr übrig, die Stellung und Größe der gesuchten Dreiecke ergibt sich eindeutig; der resultierende Einsatzwinkel und die Umfangsgeschwindigkeit können nur durch

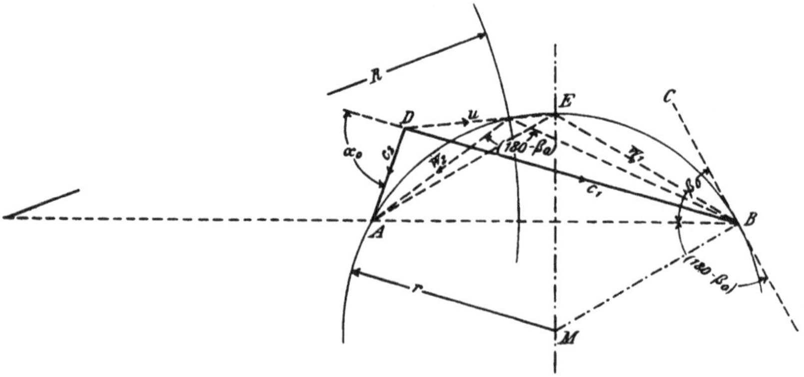

Fig. 31.

Veränderung der absoluten Geschwindigkeiten c_2 und c_1 beeinflußt werden.

Hat man in Fig. 31 über dem Rückenwinkel α_0 des Leitrades zwei zusammengehörige Werte c_2 und c_1 abgetragen, so muß man das 2. Dreieck derart über die Strecke AB legen, daß es in der Spitze den gegebenen 2. Winkel β_0 aufweist. Nun gibt es in der Geometrie einen Satz, welcher lautet: Der Winkel der Sehne mit der Tangente ist gleich dem Peripheriewinkel im gegenüberliegenden Halbkreis. Betrachtet man nun die Strecke BA als Sehne und legt in B an AB den Winkel β_0, so erhält man durch den Schnitt der Mittelsenkrechten über AB mit der auf BC gezogenen Senkrechten den Mittelpunkt M eines Kreises, der den geometrischen Ort der 2. Dreieckspitze vorstellt.

Wird die Annahme gemacht, daß sich die Relativgeschwindigkeit im Laufrad nicht verändert, so gibt der Schnittpunkt E der Mittelsenkrechten über AB mit dem Kreis die gesuchte Dreieckspitze, die Strecke DE dagegen Richtung und Größe der Umfangsgeschwindigkeit.

Wird dagegen eine Verkleinerung der relativen Geschwindigkeit in Betracht gezogen ($w_2 = \psi \cdot w_1$), so kann zur Bestimmung der 2. Dreieckspitze wieder die Kreiskonstruktion angewendet werden, wie sie auf Seite 18 entwickelt ist, bzw. wäre der Ort der Dreieckspitze so lange auf dem Kreisbogen zu verändern, bis die erhaltenen Geschwindigkeiten das gewünschte Verhältnis ψ ergeben.

Im allgemeinen werden bei Anwendung des vorstehenden Verfahrens die Schaufellängen unregelmäßig ausfallen. Will man neben der Einführung konstanter Rückenwinkel noch konstante Schaufellänge erhalten, dann muß c_2 solange variiert werden, bis das notwendige Verhältnis der Axialgeschwindigkeiten erreicht ist.

2. Mit vorgeschriebenem Einsatz- und Rückenwinkel berechnet.

Mit der Vorschrift der Einsatz- und Rückenwinkel sind die Geschwindigkeitsdreiecke zwar nicht ihrer Größe aber ihren Ver-

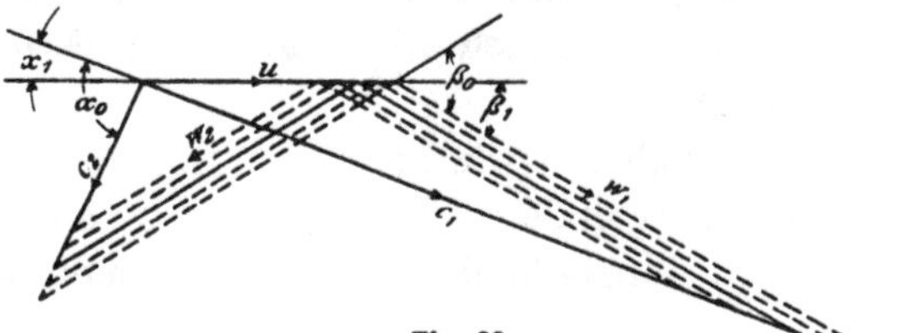

Fig. 32.

hältnissen nach festgelegt. Wenn die vier Winkel α_1, α_0, β_1, β_0 bekannt sind, kann $\frac{u}{c_1}$, $\frac{c_{1a}}{c_{2a}}$, $\frac{w_1}{w_2}$, $\frac{c_1}{c_2}$ einem beliebigen, mit den vier Winkeln gezeichneten Dreieckspaar entnommen werden, alle Geschwindigkeitsverhältnisse liegen fest. Dabei wäre insbesondere auf das Verhältnis der Relativgeschwindigkeiten aufmerksam zu machen; mit $\frac{w_2}{w_1} = \psi$ ist auch der Verlustkoeffizient für die Laufräder vorgeschrieben, und er könnte nur durch Veränderung eines der vier Winkel beeinflußt werden. Bezüglich der Wahl des Verlustkoeffizienten für die Leiträder ist man, wie die weitere Behandlung ersehen lassen wird, unabhängig.

Man kann nun bei gegebener Stufenzahl und bekanntem Wärmegefälle für eine Stufenreihe mit Hilfe der auf S. 16 angegebenen Hauptformel

$$\frac{A}{2g}\left(s \cdot c_1{}^2 - (s-1)\, c_2{}^2\right) = (1 - \varphi)\, \mu \cdot \Phi_o$$

die vier vorgeschriebenen Winkel berücksichtigen, indem man die Gleichung z. B. mit $c_1{}^2$ dividiert. Man erhält dann

$$\frac{A}{2g}\left(s - (s-1)\left(\frac{c_2}{c_1}\right)^2\right) = (1 - \varphi) \cdot \mu\, \Phi_o \cdot \frac{1}{c_1{}^2}$$

daraus

$$c_1{}^2 = \frac{(1 - \varphi)\, \mu \cdot \Phi_o}{\dfrac{A}{2g}\left(s - (s-1)\left(\dfrac{c_2}{c_1}\right)^2\right)}.$$

$\frac{c_2}{c_1}$ ist bekannt und damit ein Weg zur Berechnung von c_1 gegeben.

Aus

$$c_2 = \left(\frac{c_2}{c_1}\right) \cdot c_1$$

erhält man c_2; trägt man in einem den gegebenen Verhältnissen entsprechenden Geschwindigkeitsdiagramm eine der ausgerechneten Geschwindigkeiten ein, so hat man nur Parallele zu den Dreieckseiten zu ziehen, um schließlich die verlangten Geschwindigkeitsdreiecke zu bekommen.

Konstante Schaufellänge würde man nur dann erhalten, wenn das in den Dreiecken gehaltene Verhältnis der Axialgeschwindigkeiten mit dem sich einstellenden Volumenverhältnis zusammenfallen würde.

Dagegen läßt sich konstante Beaufschlagung in allen bisher behandelten Fällen durchführen.

Bei gegebenen Einsatz- und Rückenwinkeln ist die Anwendung der Orientierungsformeln besonders vorteilhaft, weil man der Annahme der notwendigen Verhältniszahlen enthoben ist.

B. Überdruckturbinen.

I. Mit vorgeschriebenem Rückenwinkel berechnet.

Dabei soll auch hier wie in den früheren Rechnungen vorausgesetzt werden, daß in den Leit- und Laufrädern gleiche Profile
verwendet werden, daß also die beiden Rückenwinkel für Leit- und
Laufrad einander gleich sind.

Will man denselben Einsatzwinkel innerhalb einer Stufenreihe
verwenden, dann ergeben sich konstante Winkel für die betreffende
Abteilung, und man kann ohne weiteres die Gleichungen, welche
dafür abgeleitet worden sind, verwerten (Gleichung 7).

Man rechne damit zwei zusammengehörige Werte c_2 und c_1 und
trage sie nach Fig. 33 auf den Schenkeln des gegebenen Rückenwinkels $\alpha_o = \beta_o$ ab; die Verbindungslinie AB gibt die Richtung
von u, und die beiden Dreiecke
werden erhalten, wenn man sym-
metrisch zur Mittellsenkrechten
über AB ein zum ersten kongru-
entes Dreieck konstruiert.

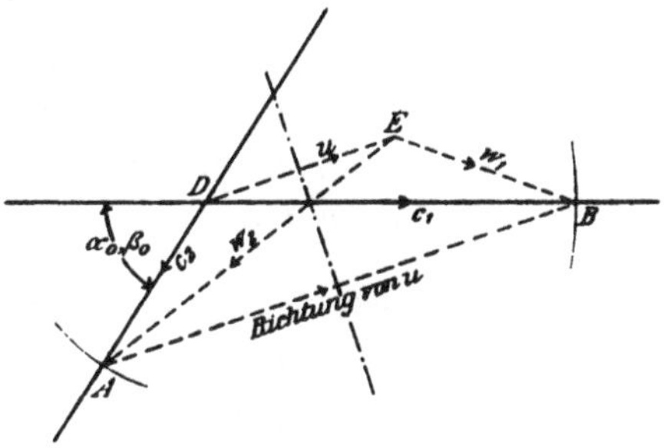

Hier war man also unab-
hängig von der Wahl des Verlustkoeffizienten φ.

Fig. 33

Daß konstante Schaufellänge
bei konstanten Rückenwinkeln für Überdruckturbinen theoretisch
nicht möglich ist, dies soll indirekt an der Entwicklung der notwendigen Konstruktion gezeigt werden:

Ist c_1 aus der Gleichung 7 bzw. 8, S. 43 bzw. 49, berechnet,
so wäre die relative Eintrittsgeschwindigkeit w_1 für das 1. Laufrad
zu berechnen aus

$$\frac{A}{2g}(c_1{}^2 - w_1{}^2) = \Phi_n(1 - \varphi),$$

dann wird $w_2 = c_1$, und w_2 könnte auf dem Rückenwinkel abgetragen
werden. Damit nun die Umfangsgeschwindigkeit konstruiert werden
kann, ist zu beachten, daß für die Axialgeschwindigkeiten c_{1a} und c_{2a}
das Verhältnis der Volumina erfüllt sein muß. Zeichnet man über
A und B zwei beliebige Kreise, deren Radien das vorgeschriebene
Verhältnis haben, so ergibt deren gemeinsame Tangente die Richtung
von u, die jetzt nur noch durch D gezeichnet werden muß.

5*

Die Größe der Umfangsgeschwindigkeit ist durch die absolute Austrittsgeschwindigkeit des 1. Leitrades bedingt; man schlage von B aus rückwärts einen Kreisbogen von der Länge c_1, und man erhält damit u und c_2: die Eintrittsgeschwindigkeit in das 2. Leitrad. Mit dem Wärmegefälle Φ_n kann dazu c_1 für das 2. Leitrad gerechnet werden, welches jetzt unter Berücksichtigung des Winkels β_0 einzuzeichnen ist; dabei müßte der für c_{1a} sich ergebende Wert gleichzeitig dem hier vorhandenen Volumenverhältnis entsprechen. Dies wird im allgemeinen nicht zutreffen und würde sich nur durch Veränderung des Verlustkoeffizienten φ erreichen lassen. Da dies nicht immer angängig erscheinen dürfte und sonst kein Ausweg vorhanden ist, ist eben prinzipiell gezeigt, daß es theoretisch unmöglich ist, eine Überdruckturbine mit konstanter Schaufellänge auszuführen, die durchaus das gleiche Profil mit verschiedenen Einsatzwinkeln enthält. Durch fortschreitendes Drehen der Schaufeln kann den zu stellenden Bedingungen nicht vollständig Genüge geleistet werden. Und doch hört man allgemein, daß in der Praxis das im vorstehenden als falsch gekennzeichnete Verfahren des Schaufeldrehens angewendet wird, weil es die Herstellung wesentlich vereinfacht.

2. Mit vorgeschriebenem Einsatz- und Rückenwinkel berechnet.

Wie bei der Druckturbine sind damit auch hier alle Geschwindigkeitsverhältnisse festgelegt; man ist aber unabhängig von der Wahl der Verlustkoeffizienten für die Leit- und Laufräder.

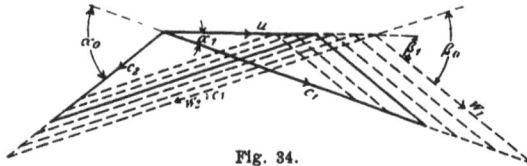

Fig. 34.

Für die Rechnung ist die bei den Überdruckturbinen auf S. 43 angegebene Gleichung

$$\frac{A}{2g}\left(2 \cdot s \cdot c_1{}^2 - (2s-1)\,c_2{}^2\right) = \mu\,(1-\varphi)\,\Phi_0$$

anzuwenden. Dividiert man wieder mit $c_1{}^2$, so erhält man

$$\frac{A}{2g}\left(2s - (2s-1)\left(\frac{c_2}{c_1}\right)^2\right) = \mu \cdot \frac{(1-\varphi)\,\Phi_0}{c_1{}^2}$$

daraus

$$c_1{}^2 = \frac{\mu\,(1-\varphi)\,\Phi_0}{\dfrac{A}{2g}\left(2s - (2s-1)\left(\dfrac{c_2}{c_1}\right)^2\right)}.$$

$\left(\dfrac{c_2}{c_1}\right)$ ist mit den gegebenen 4 Winkeln zu ermitteln; dazu erhält man aus der obigen Gleichung zunächst die Geschwindigkeit c_1 und damit sind die Geschwindigkeitsdreiecke (nach Fig. 34) bestimmt. Die Vorschrift konstanter Einsatz- und Rückenwinkel führt also auf zunehmende Schaufellängen, dem bei der Ausführung entsprechend Rechnung zu tragen ist.

Auch hier ist die Anwendung der Orientierungsformeln sehr vereinfacht, aus den gleichen Gründen, wie sie bei den Gleichdruckturbinen angegeben wurden.

IV. Konstruktion der Schaufelprofile.

Die Leiträder der Druck- und Überdruckturbinen können ohne weiteres in derselben Art konstruiert werden, weil sie dieselbe Aufgabe haben: nämlich die absolute Dampfgeschwindigkeit zu steigern und ihr eine bestimmte Richtung zu geben. Andererseits kann man zur Konstruktion für die Profile der Laufradschaufeln der Überdruckturbinen dieselben Voraussetzungen machen wie bei den Leitradschaufeln, es ist nur an Stelle der absoluten Geschwindigkeit die relative einzuführen. Für einen beliebigen Fall können die Schaufelprofile erhalten werden, wenn man die Begrenzungskurven des dazugehörigen Strömungskanals um die Schaufelteilung gegeneinander verschiebt. Über die Dimensionierung des Kanales gibt die gebräuchliche Turbinenberechnung nur Bedingungen, die den Verhältnissen der entwickelten Geschwindigkeitsdreiecke entsprechen; durch diese werden nur die Geschwindigkeiten und deren Richtungen an der Ein- und Austrittsstelle des Kanales vorgeschrieben.

Für die Konstruktion des Kanales selbst können schließlich nur allgemeine Überlegungen zur Richtschnur dienen. Da es theoretisch gleichgültig ist, in welcher Reihenfolge die Richtungs- und Geschwindigkeitsänderungen herbeigeführt werden, begnügt man sich meistens damit, einen ›allmählichen Übergang‹ für beide Größen anzugeben. So bezieht z. B. Dr. Koob in seiner Arbeit ›die Berechnung der Dampfturbinen auf zeichnerischer Grundlage‹ den allmählichen Übergang auf die Radbreite, und man erhält mit dieser Überlegung anscheinend ganz brauchbare Profile.

Nun hat man anfangs auch die Düsen für Dampfturbinen einfach dadurch entwickelt, daß man die Durchmesser für den kleinsten
und größten Querschnitt durch einen Kegel mit einem gewissen
Seitenwinkel in Verbindung brachte; es verursachte sehr große
Schwierigkeiten, Düsen mit hohem Wirkungsgrad herzustellen, und
es wurde von verschiedenen Seiten darauf aufmerksam gemacht,
daß wahrscheinlich die Beschleunigungsverhältnisse längs der Düsen-
achse von grundsätzlicher Bedeutung sind. In dieser Richtung hat
Dr. Proell einige rechnerische Untersuchungen für die Konstruktion
von Düsenkörpern mitgeteilt.

Es lag nahe, ähnliche Überlegungen auch auf die Entwicklung
der Schaufelprofile anzuwenden und insbesondere Verfahren aus-
findig zu machen, die für »beliebige Beschleunigungsgesetze« die
Schaufelprofile auf rein graphischem Wege zu entwickeln gestatten.
Umgekehrt wird dann gezeigt werden, wie für gegebene Schaufelprofile die Beschleunigungskurven entwickelt werden können.

Die Beschleunigungskurven können auf verschiedene Größen
bezogen werden; davon werden der absolute Dampfweg und die
Zeiten, innerhalb deren die Wege zurückgelegt werden, die wichtigsten
sein. Der Konstruktion der Schaufelprofile sollen dementsprechend
zwei Annahmen zugrunde gelegt werden:

Gegeben beliebige Beschleunigungskurven

1. bezogen auf die Zeit, welche während des Passierens eines
Kanales verstreicht,

2. bezogen auf die Länge des Kanales.

ad I. Konstruktion der Schaufelprofile für beliebige, auf die Zeit bezogene Beschleunigungskurven.

Bevor die gegebene Beschleunigungskurve verwendet wird, ist
es zweckmäßig, in einem Diagramm den Zusammenhang zwischen
den Dampfgeschwindigkeiten und den
notwendigen Querschnitten aufzuzeich-
nen. Nach den bisherigen Entwicklungen ist dies ohne weiteres möglich,
da man die Gleichung

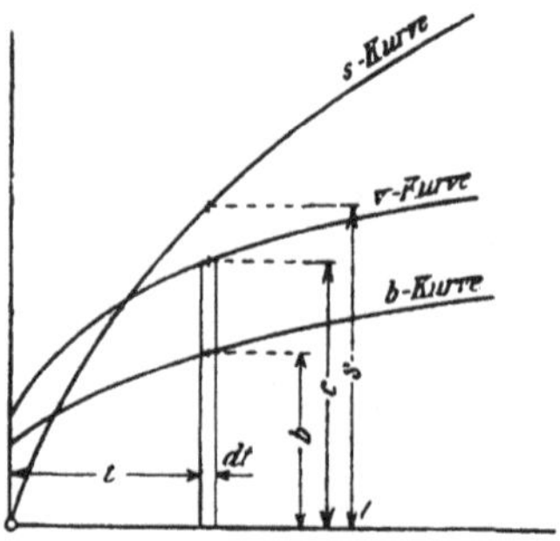

$$\frac{A}{2g}(c_1{}^2 - c_2{}^2) = (1 - \varphi)\, \Phi$$

nur auf Zwischenwerte von p anzuwenden
hat, um daraus dann die zugehörigen
Geschwindigkeiten zu erhalten. Mit

Fig. 35.

Hilfe der Zustandsänderung bekommt man dazu die spezifischen Dampfvolumen und aus der Kontinuitätsgleichung

$$F \cdot c = G \cdot v$$

die notwendigen Querschnitte F. (Fig. 36.)

Kann man nun zu Fig. 35 die Geschwindigkeitskurve entwickeln und aus dieser die auf die Zeit bezogene Wegkurve ableiten, so kann durch Kombination der Kurven ein drittes Diagramm konstruiert werden, in welchem über den absoluten Dampfwegen die jeweiligen Geschwindigkeiten bzw. die notwendigen Querschnitte erscheinen, und damit wäre die gestellte Aufgabe gelöst.

Da die Beschleunigung definiert ist als

$$b = \frac{d^2 s}{d t^2} = \frac{d c}{d t},$$

gibt

$$b \cdot dt = dc,$$

das Flächenelement unter der b-Kurve, die Geschwindigkeitsänderung

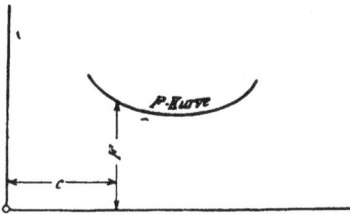

Fig. 36.

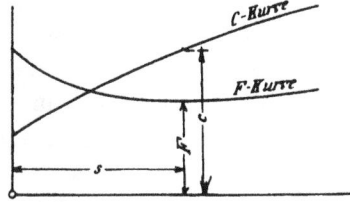

Fig. 37.

Man hat also nur die Integralkurve zur b-Kurve zu entwickeln:

$$\int b \cdot dt = c - c_2$$

und die ganze Fläche dem Geschwindigkeitsunterschied zwischen Anfangs- und Endgeschwindigkeit gleichzusetzen, um für Zwischenpunkte den richtigen Maßstab zu erhalten.

Hat man die c-Kurve gezeichnet, so bilde man zu dieser wieder die Integralkurve

$$\int c \cdot dt = s - s_0,$$

womit dann die auf die Zeit bezogene Wegkurve erhalten ist.

Mit Hilfe der beiden Diagramme 35 und 36 erfährt man für jeden Augenblick, abgesehen von der gegebenen Beschleunigung, die Geschwindigkeit und den zurückgelegten Weg, und da aus Diagramm 36 für jede Geschwindigkeit der Querschnitt bereits bekannt ist, hat man auch die Abhängigkeit der Querschnitte vom Dampfweg.

Da nun der mittlere absolute Dampfweg eine beliebige Kurve sein kann, so hat man die dem ermittelten Querschnitt entsprechende Größe nur senkrecht zum Wegelement aufzutragen, soweit die Voraussetzung gemacht werden darf, daß sich in einem Querschnitt die Dampfgeschwindigkeiten nicht voneinander unterscheiden.

Zur Feststellung der Schaufelprofile wird man für die durch die Geschwindigkeitsdreiecke gegebenen Richtungen nach Fig. 38 einen mittleren Dampfweg angeben (Kreisbogen, Parabel etc. etc.), wird den Dampfweg z. B. in gleiche Teile — 0, 1, 2 ... 8 — teilen und auf den Normalen in den Teilpunkten die erforderliche Querschnittsdimension auftragen (die abzutragende Strecke ist abhängig von der Querschnittsform, auch ist die Veränderung der Schaufellänge zu berücksichtigen). Durch Verbindung der Endpunkte erhält man die Begrenzungskurven für den Kanal, der, wenn irgend möglich gleich für die beabsichtigte Teilung zu entwickeln wäre, denn die Begrenzungsform ist auch von der Teilung abhängig.

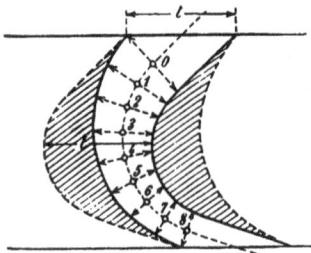

Fig. 38.

Verschiebt man die beiden erhaltenen Kurven um die Teilung gegeneinander, die linke nach rechts, die rechte nach links, so erhält man die allen gestellten Bedingungen genügenden Profile.

ad 2. Konstruktion der Schaufelprofile für beliebige auf den Weg bezogene Beschleunigungskurven.

Dazu werde wieder die Abhängigkeit der Querschnitte von den jeweiligen Geschwindigkeiten als bekannt vorausgesetzt.

Gegeben:
$$b = f(s).$$

Es ist
$$\frac{ds}{dt} = c; \quad \frac{dc}{dt} = b,$$

also
$$b \cdot ds = c \cdot dc;$$

$b \cdot ds$ stellt aber ein Flächendifferential unter der b-Kurve dar; das Integral kann also durch Planimetrieren einfach bestimmt werden.

$$\int b \cdot ds = \frac{c^2 - c_0^2}{2}$$

beziehungsweise

$$c = \sqrt{c_0^2 + 2 \int b \cdot ds} = F(s).$$

Mit Hilfe dieser Gleichung erhält man also die Abhängigkeit der Geschwindigkeit vom zurückgelegten Weg, und damit ist die 2. Aufgabe auf jene unter 1 gestellte zurückgeführt.

Ermittlung der Beschleunigungskurven für beliebige Profile.

Man zeichne zwei der gegebenen Profile im Abstand der Teilung zueinander und bestimme durch Halbierung der axialen Abstände den mittleren Dampfweg; hierauf entnehme man der Zeichnung die auf diesen Weg bezogenen Querschnitte. Wenn dann noch die Ab-hängigkeit der Querschnitte von den Geschwindigkeiten bekannt ist (siehe Seite 71), so kann man damit in einem Diagramm mit den Abszissen s sowohl die c- als auch die F-Kurve eintragen. Ist aber die Geschwindigkeitskurve auf den Weg bezogen bekannt, so kann auch in einfacher Weise an jeder Stelle die Beschleunigung angegeben werden: es ist

$$c = \frac{ds}{dt} \text{ und } b = \frac{dc}{dt},$$

damit

$$\frac{c}{ds} = \frac{b}{dc} \text{ oder } b = \frac{dc}{ds} \cdot c = (\text{tg}\,\alpha) \cdot c;$$

$\left(\frac{dc}{ds}\right)$ kann als Winkel der Tangente mit der Richtung der Abszissen-achse dem Diagramm entnommen werden, und damit ist die Aufgabe gelöst.

V. Anwendungen der Berechnungsverfahren.

Nachdem hier die Rechnungen nur bezüglich der indizierten Leistungen angestellt werden, ist darauf hinzuweisen, daß die ermit-telten Dimensionen schließlich praktisch wohl nicht das Günstigste vorstellen, weil einerseits die Verlustkoeffizienten φ und ψ ohne weiteres angenommen worden sind und möglicherweise den wirk-lichen Verhältnissen nicht vollständig entsprechen; anderseits wären für die angenommene Stufenzahl die Rad- oder Trommelreibungs-arbeit und die direkten Dampfverluste zu verfolgen. An Hand ent-sprechenden Versuchsmaterials dürfte es nicht schwer fallen, brauch-bare Maschinendimensionen zu entwickeln.

Somit machen die Zahlenrechnungen keinen Anspruch, ohne weiteres die besten Verhältnisse für die Ausführung zu ergeben.

Sämtliche Rechnungen sind nur für eine gewisse Art von Annahmen durchgeführt; doch lassen sich, wie bereits im allgemeinen Text hervorgehoben, eine ganze Reihe von Voraussetzungen und Forderungen erfüllen.

I. Zoellyturbinen.

Bei $p_1 = 12$ Atm. abs. Anfangsdruck, $t_1 = 250^\circ$ C Dampftemperatur soll die Turbine $N_i = 3000$ PS entwickeln. Die Umdrehungszahl sei $n = 2000$, die Stufenzahl $s = 16$, der Kondensatordruck $p_2 = 0{,}06$ Atm., der Verlustkoeffizient für die Leiträder $\varphi = 0{,}20$, der Verlustkoeffizient für die Laufräder $\psi = 0{,}80$.

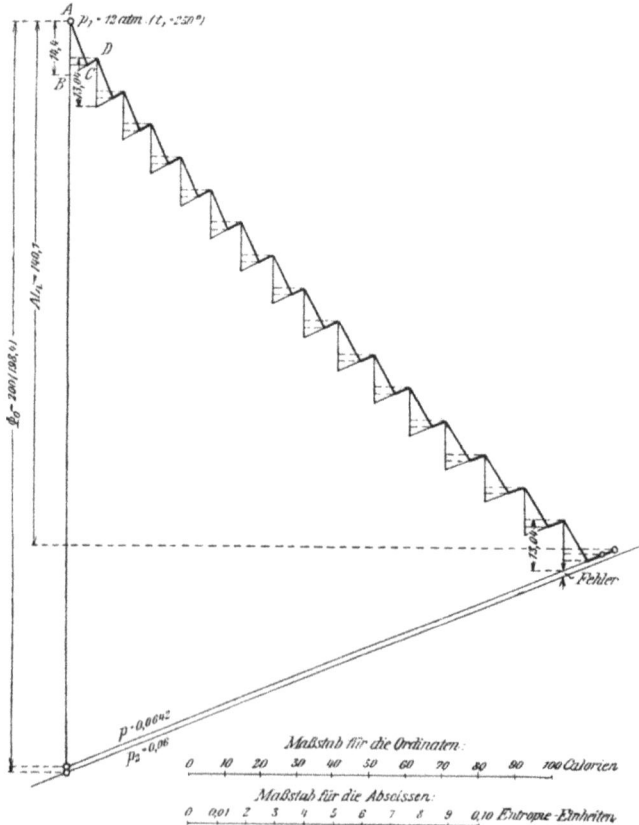

Fig. 39.

Mollier: *J-S-Diagramm*.

a) Turbine mit gleichen Geschwindigkeitsdreiecken in allen Stufen gerechnet (konstante Winkel).

Im Geschwindigkeitsdiagramm (Fig. 40) werde der Eintrittswinkel $\alpha = 18^0$ angenommen, und als weitere Bedingung gleiche Axialgeschwindigkeit für Eintritt und Austritt vorgeschrieben.

Im Mollierdiagramm findet man für die gegebenen Verhältnisse das totale, zur Verfügung stehende adiabatische Wärmegefälle $\Phi_0 = 200$ Kal.

Nimmt man der Reihe nach den Austrittsverlust am Ende der Turbine zu 1, 2 und 3% des Wertes Φ_0 an, so erhält man dazu

$$c_2 = 130, 183 \text{ und } 225 \text{ m/sek,}$$

und die Hauptgleichung (Seite 16) liefert aus

$$c_1 = \sqrt{\frac{2g}{A} \frac{(1-\varphi)\mu}{s} \cdot \Phi_0 + \frac{(s-1)}{s} \cdot c_2{}^2}$$

die dazugehörigen absoluten Eintrittsgeschwindigkeiten

$$c_1 = 321, 346 \text{ und } 368 \text{ m/sek.}$$

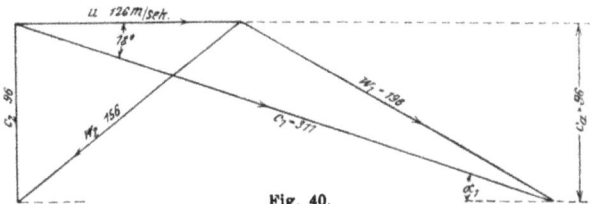

Fig. 40.

Dabei ist für μ versuchsweise der Wert 1,05 eingeführt worden.

Konstruiert man mit

$$\alpha_1 = 18^0 \text{ und } c_{a1} = c_{a2}$$

die Geschwindigkeitsdreiecke, so findet man mit $\psi = 0,80$ die folgenden in der nachstehenden Tabelle zusammengestellten Zahlenwerte:

Austrittsverlust	w_1	w_2	u	AL_i	η_i
3%	328	262	42	87,5	0,438
2%	291	232,5	59	105	0,525
1%	244	195	83	124,8	0,624

Die Betrachtung der Geschwindigkeitsdreiecke und der Resultate ergibt, wie vorauszusehen, ein Zunehmen des indizierten Wirkungsgrades mit abnehmendem Austrittsverlust. Doch kann c_2 nicht beliebig klein genommen werden. Das Minimum von c_2 bzw. das Maximum von η_i wird dann erreicht, wenn c_2 senkrecht zur Umfangsgeschwindigkeit gerichtet ist.

Die Größe dieser Grenzgeschwindigkeit kann auch in einfacher Weise durch Rechnung ermittelt werden. Da die im Geschwindigkeitsdiagramm vorkommenden Axialgeschwindigkeiten auch voneinander verschieden sein können, sei die Ermittlung von $(c_2)_{min}$ allgemein angegeben.

Die beiden Geschwindigkeiten $(c_2)_{min}$ und c_1 müssen auf alle Fälle der bereits angeführten Hauptgleichung genügen; also

$$c_1{}^2 = \frac{2\,g \cdot (1 - \varphi) \cdot u}{A \cdot s} \cdot \Phi_0 + \frac{(s-1)}{s} \cdot (c_2)^2{}_{min}$$
$$= A + B \cdot (c_2)^2{}_{min}.$$

Soll c_2 außerdem auf u senkrecht stehen, dann muß auch folgende Beziehung erfüllt sein:

$$c_1 \cdot \sin \alpha_1 = (c_2)_{min} \cdot \frac{c_{a1}}{c_{a2}}.$$

Durch Verbindung der beiden Gleichungen erhält man daraus

$$(c_2)_{min} = \sqrt{\frac{A}{\left[\left(\frac{c_{a1}}{c_{a2}}\right)\frac{1}{\sin \alpha_1}\right]^2 - B}}$$

Für die vorliegenden Verhältnisse ergibt sich
$(c_2)_{min} = 96 \text{ m}$; dazu $c_1 = 311$, $w_1 = 196$, $w_2 = 156$, $u = 126$, $AL_i = 140$
und $\eta_i = 70\,\%$.

Mit diesen letzten Zahlenwerten soll nun die weitere Rechnung durchgeführt werden.

Zur Einzeichnung der Zustandsänderung im Mollierdiagramm (nach Fig. 39) ist zu berechnen:
das adiabatische Wärmegefälle im 1. Leitrad

$$AB = \Phi_1 = \frac{A}{2\,g} \cdot \frac{(c_1{}^2)}{(1 - \varphi)} = 14,4 \text{ Kal.},$$

das Wärmegefälle in den normalen Stufen

$$\Phi_n = \frac{A}{2\,g} \cdot \frac{(c_1{}^2 - c_2{}^2)}{(1 - \varphi)} = 13,04 \text{ Kal.}$$

Weiter ist nötig:
der Verlust im 1. Leitrad $\varphi \cdot \Phi_1 = 2,88$ Kal.,
der Verlust in den normalen Leiträdern $\varphi \cdot \Phi_n = 2,60$ Kal.,

der Verlust in den Laufrädern $\dfrac{A}{2g}\,(w_1{}^2 - w_2{}^2) = 1{,}68$ Kal.

und der Austrittsverlust des letzten Laufrades

$$\frac{A}{2g}\cdot c_2{}^2 = 1{,}10 \text{ Kal.} = 0{,}55\,\% \text{ von } \varPhi_0.$$

Die Konstruktion der Zustandsänderung mit diesen Zahlenwerten ergibt schließlich, daß das Ende der letzten Adiabate $\varPhi_{16}$
nicht auf den angenommenen Gegendruck $p_2 = 0{,}06$ führt; es fehlen
bis zu dieser Drucklinie 1,8 Kal.; nach der Fehlergleichung von S. 22

$$(1-\varphi)\,\mu \cdot \varPhi_0 \pm f = (1-\varphi)\,\mu' \cdot \varPhi_0$$

wäre also der richtige Wert $\mu' = 1{,}06$. Doch soll die Durchrechnung
nicht wiederholt werden, weil der erste Wert doch auf $p_2 = 0{,}0642$ Atm.
geführt hat.

Bei dem kleineren Gegendruck ist $\varPhi_0 = 198{,}4$ Kal., AL_t war
140,1 Kal., also wird $r_i = 70{,}5\,\%$.

Man erhält den Dampfverbrauch pro PS_i und Stunde

$$D_i = \frac{632{,}3}{AL_i} = 4{,}510 \text{ kg},$$

den Dampfverbrauch pro Stunde

$$D = D_i \cdot N_i = 13554 \text{ kg}$$

und die sekundliche notwendige Dampfmenge

$$G = 3{,}764 \text{ kg}.$$

Mit $u = 126$ m/sek und $n = 2000$ Umdrehungen wird der Raddurchmesser für sämtliche 16 Stufen

$$D = 1{,}200 \text{ m}.$$

Die gemeinsame Axialgeschwindigkeit ergibt sich aus dem Geschwindigkeitsdiagramm zu $c_a = 96$ m.

Aus dem Molierdiagramm wurden nun Druck und Temperatur
bzw. die spezifische Dampfmenge jeweils für die Austrittsstelle der
Leiträder gerechnet und dazu die spezifischen Dampfvolumen bestimmt. Die Volumenänderung in den Laufrädern wurde für die
nun folgende Querschnittsbestimmung vernachlässigt. Für das erste
Leitrad wurden 6 %, für das letzte 100 % Beaufschlagung eingeführt
und für die zwischengelegenen Leiträder die Schaufellänge proportional der Stufenzahl geändert.

Die Resultate der Rechnung sind in der umstehenden Tabelle
zusammengestellt:

Leitrad Nr.	p Atm.	$t °$ C	x	v cbm/kg	F cm²	l cm	s	l cm
			(Für die Austrittsstelle)					Eintritt
1	9,18	223	—	0,245	96,0	4,24	(6,00)	∞
2	7,15	203	—	0,302	118,4	5,36	5,85	4,33
3	5,46	182	—	0,379	148,6	6,52	5,93	5,19
4	4,15	162	—	0,477	187,0	7,66	6,47	6,08
5	3,12	144	—	0,611	239,5	8,80	7,22	6,87
6	2,32	—	0,999	0,782	306,8	9,95	8,18	7,76
7	1,70	—	0,990	1,038	406,8	11,08	9,73	8,35
8	1,24	—	0,981	1,381	541,5	12,22	11,75	9,18
9	0,893	—	0,971	1,859	728,5	13,38	14,45	9,94
10	0,630	—	0,964	2,561	1004	14,50	18,35	10,52
11	0,444	—	0,954	3,519	1379	15,66	23,38	11,41
12	0,311	—	0,946	4,871	1910	16,78	30,20	12,12
13	0,214	—	0,937	6,840	2681	17,92	39,70	12,77
14	0,145	—	0,929	9,77	3830	19,08	53,30	13,35
15	0,096	—	0,920	14,26	5590	20,22	73,40	13,85
16	0,064	—	0,911	20,55	8050	21,36	(100)	14,81

b) Turbine mit konstanter Schaufellänge nach dem Näherungs-verfahren gerechnet.

Ganz unabhängig von der Berechnung unter a) wurden die notwendigen Volumenverhältnisse erhalten, indem man im Mollier-diagramm (Fig. 41) unter Annahme eines indizierten Wirkungsgrades $\eta_i = 0,70$ näherungsweise den Verlauf der zu erwartenden Zustands-änderung einzeichnete (Linie A—B); der Abstand A bis B wurde in $s = 16$ gleiche Teile geteilt und für die Teilpunkte die dort vor-handenen Volumen aus Druck und Temperatur bzw. spezifischer Dampfmenge gerechnet. Die erhaltenen Zahlen sind in der neben-stehenden Zahlentafel zusammengestellt.

In Rubrik 6 sind die Volumenverhältnisse ermittelt und zu drei Gruppen vereinigt worden. Der 1. Gruppe wurden 8, der 2. Gruppe 5 und der 3. Gruppe 3 Leiträder zugeteilt. Das mittlere Volumenverhältnis für die einzelnen Gruppen ist 0,77, 0,73 und 0,70. Für eine Überschlagsrechnung würde es genügen, das General-mittel der Volumenverhältnisse d. i. 0,745 sämtlichen 16 Leiträdern zugrunde zu legen. Hier sollen die Ansätze für 3 Stufenreihen weiter behandelt werden.

Der Bereich der ersten Stufenreihe geht nach dem Mollier-diagramm bis $(p_2) = 1,1$ Atm., jener der zweiten Stufenreihe bis $(p_2) = 0,192$ Atm., und die dritte Stufenreihe arbeitet bis zum Kon-densatordruck $p_2 = 0,06$ Atm.

Leitrad Nr.	p	t	x	v	Volumenverhaltnis $v_n : v_{(n+1)}$	Mittel der Volumenverhältnisse
	(an der Austrittsstelle)					
1	9,0	228	—	0,253	—	
2	6,8	208	—	0,322	0,78	
3	5,15	187	—	0,407	0,79	
4	3,8	167	—	0,529	0,77	
5	2,8	147	—	0,688	0,77	0,77
6	2,1	128	—	0,878	0,77	
7	1,5	—	0,997	1,176	0,75	
8	1,1	—	0,987	1,555	0,76	
9	0,78	—	0,978	2,110	0,74	
10	0,56	—	0,970	2,878	0,73	
11	0,39	—	0,961	4,001	0,72	0,73
12	0,27	—	0,952	5,59	0,72	
13	0,192	—	0.943	7,63	0,72	
14	0,130	—	0,934	10,88	0,70	
15	0,09	—	0,926	15,61	0,70	0,70
16	0,06	—	0,917	22,15	0,70	

1. Stufenreihe: $s = 8$, $p_1 = 12,0$, $t_1 = 250^\circ$ C, $p_2 = 1,1$ Atm.

Volumenverhältnis $= 0,77 =$ dem Verhältnis der Axialgeschwindigkeiten.

Die Umfangsgeschwindigkeit sei wie im Fall a mit $u = 126$ m/sek, $\alpha_1 = 18^\circ$ vorgeschrieben.

Aus dem Mollierdiagramm Fig. 41 wurde $(\Phi_0)_1 = 106,3$ Kal. ermittelt; μ werde mit 1,033 eingeführt.

Mehrfache Annahmen von c_2 ergaben, daß $c_2 = 75,4$ im Geschwindigkeitsdreieck der Fig. 42 die verlangte Umfangsgeschwindigkeit liefert. Die Hauptgleichung ergab für dieses c_2 einen Wert $c_1 = 311,5$ m, schließlich wurde dem Diagramm

$$w_1 = 196 \text{ und } w_2 = 157 \text{ m/sek}$$

entnommen.

Für die Konstruktion der Zustandsänderung im Mollierdiagramm war notwendig:

das Wärmegefälle der 1. Stufe $\Phi_1 = 14,47$ Kal.,

das Wärmegefälle der normalen Stufen $\Phi_n^1 = 13,62$ Kal.,

der Verlust im 1. Leitrad $\varphi \cdot \Phi_1 = 2,89$ Kal.,

der Verlust in den normalen Leiträdern $\varphi \cdot \Phi_n = 2,72$ Kal.,

der Verlust in den Laufrädern $\frac{A}{2g}(w_1^2 - w_2^2) = 1,64$ Kal.

2. Stufenreihe: Es sei hier beispielsweise angenommen, daß
die abs. Austrittsgeschwindigkeit aus dem 8. Laufrad der 1. Stufenreihe dem 1. Leitrad der 2. Stufenreihe zugute komme, daß sie
als Eintrittsgeschwindigkeit für dieselbe zu betrachten sei. Weiter
ist für die 2. Stufenreihe vorgeschrieben $s = 5$, und das Verhältnis
der Axialgeschwindigkeiten $= 0,73$.

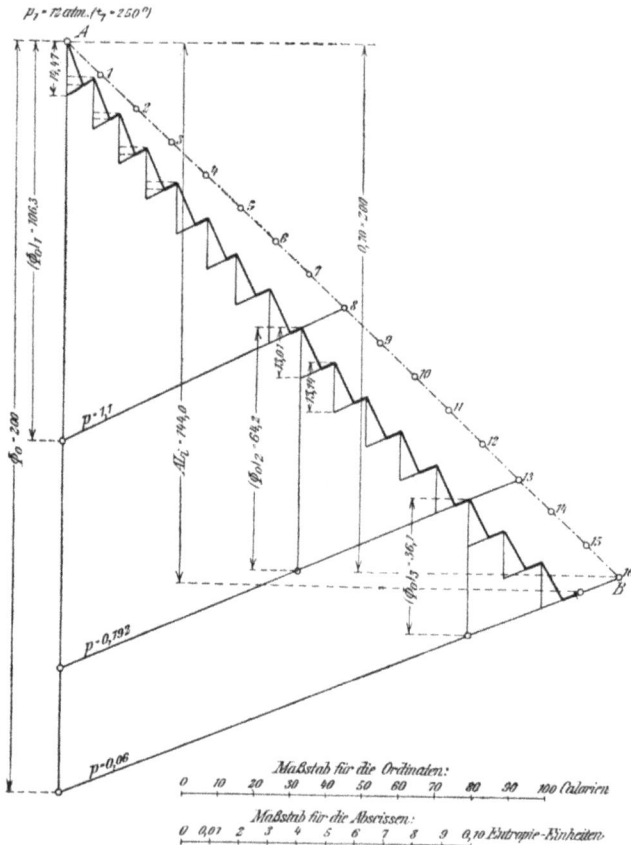

Fig. 41.

Mollier: J-S-Diagramm.

Das Mollierdiagramm ergibt als adiabatisches Wärmegefälle
$(\varPhi_0)_2 = 64,2$ Kal.; für μ werde $1,02$ eingeführt.

Die Hauptgleichung muß hier bei Berücksichtigung einer Anfangsgeschwindigkeit für eine Stufenreihe etwas anders geschrieben
werden, weil der Stufenreihe außer dem adiabatischen Wärmegefälle
$(\varPhi_0)_2$ noch die kinetische Energie der Eintrittsgeschwindigkeit zur

Verfügung steht. Auf der rechten Seite der Hauptgleichung ist also $\frac{A}{2g} \cdot (c_2)_1{}^2$ zu addieren:

$$\frac{A}{2g}\left(s \cdot c_1{}^2 - [s-1]\,(c_2)_2{}^2\right) = \mu\,(1-\varphi)\,(\Phi_0)_2 + \frac{A}{2g} \cdot (c_2)_1{}^2.$$

Man erhält mit dieser Gleichung und entsprechender Konstruktion der Geschwindigkeitsdreiecke die gewünschte Umfangsgeschwindigkeit von 126 m bei $c_2 = 69,4$, $c_1 = 304,8$, $w_1 = 189$, $w_2 = 151$ m/sek ...

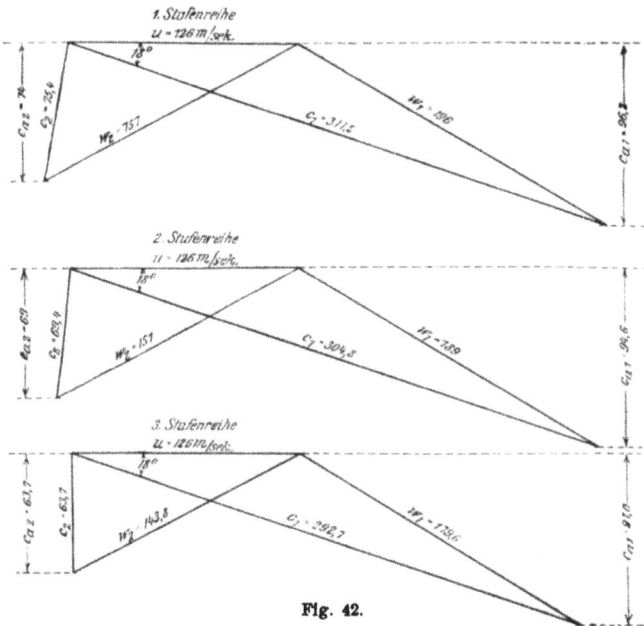

Fig. 42.

Die Ordinaten für das Molllerdiagramm ergeben sich als

Wärmegefälle im 1. Leitrad = 13,01 Kal.,
Wärmegefälle in den normalen Leiträdern = 13,14 Kal.,
Verlust im 1. Leitrad = 2,60 Kal.,
Verlust in den normalen Leiträdern = 2,62 Kal.,
Verlust in den Laufrädern = 1,54 Kal.

Die Austrittsgeschwindigkeit $(c_2)_2$ wurde wieder als Eintrittsgeschwindigkeit des 1. Leitrades der 3. Stufenreihe angenommen.

3. Stufenreihe: Einzuführen ist hier die Stufenzahl $s = 3$, und als Verhältnis der Axialgeschwindigkeiten der Wert 0,70; μ werde zu 1,012 angenommen.

Deinlein, Dampfturbinentheorie. 6

Die Rechnung ergibt $u = 126$ m bei

$c_2 = 63,7$ und $c_1 = 292,7 \cdot (w_1 = 179,6, \; w_2 = 143,8)$.

Die Zahlenwerte zum Verzeichnen der Zustandsänderung sind:
$\Phi_1 = 12,07$ Kal.; $\Phi_n = 12,175$ Kal.; $\varphi \cdot \Phi_1 = 2,40$ Kal.;

$$\varphi \cdot \Phi_u = 2,43 \text{ Kal.}; \quad \frac{A}{2\,g} \cdot (w_1{}^2 - w_2{}^2) = 1,384 \text{ Kal.};$$

$$\text{Austrittsverlust} = \frac{A}{2\,g} \cdot (c_2)_3{}^2 = 0,49 \text{ Kal.}$$

Die vollständige Zustandsänderung gibt
$$A L_i = 144,0; \quad \eta_i = 0,72; \quad D_i = 4,39;$$
$$D = 13\,170 \text{ kg}; \quad G = 3,66 \text{ kg/sek.}$$

Aus dem Mollierdiagramm wurden wieder p, t und x für die Austrittsstelle der Leiträder ermittelt und dazu die spez. Volumen und die erforderlichen Axialquerschnitte gerechnet. Die Schaufellängen wurden unter Beibehaltung der Beaufschlagungsziffern des Beispieles a gerechnet. Die Kontrolle der mittleren Volumenverhältnisse ergibt für die

1. Stufenreihe 0,77,

2.   »   0,72,

3.   »   0,70,

also fast vollständige Übereinstimmung mit der ersten Annahme.

Zahlentafel der Querschnitte, Schaufellängen etc.

Leit-rad	p	t	x	v	Volu-men-verhält-nis	Mittel der Volu-men-verh.	Axial-geschwindigkeit		ε	$F cm^2$	$l cm$
	(für die Austrittsstelle)						Eintritt c_{a2}	Austritt c_{a1}		(Austritt)	
1	9,24	222	—	0,243	—				6,00	92,5	4,09
2	7,06	203	—	0,306	0,79				5,85	115,4	5,24
3	5,40	181	—	0,382	0,80				5,93	145,3	6,50
4	4,05	160	—	0,487	0,79	0,77	74	96,2	6,47	185,3	7,60
5	2,98	139	—	0,632	0,77				7,22	240,2	8,83
6	2,19	—	0,996	0,824	0,76				8,18	313,4	10,18
7	1,58	—	0,985	1,107	0,74				9,73	421,0	11,48
8	1,10	—	0,974	1,536	0,72				11,75	584,0	13,19
9	0,79	—	0,965	2,081	—				14,45	805	14,78
10	0,56	—	0,956	2,839	0,73				18,35	1098	15,88
11	0,388	—	0,947	3,965	0,72	0,72	69	94,6	23,38	1535	17,43
12	0,266	—	0,938	5,546	0,71				30,20	2148	18,86
13	0,190	—	0,930	7,600	0,72				39,70	2941	19,62
14	0,128	—	0,922	10,91	—				53,30	4383	21,82
15	0,087	—	0,914	15,54	0,70	0,70	63,7	91,0	73,40	6250	22,60
16	0,06	—	0,906	21,88	0,70				100	8790	23,30

c) Turbine mit konstanter Beaufschlagung gerechnet.

Dazu können ohne weiteres die Berechnungen unter a und b Verwendung finden. Hier soll nur der Fall behandelt werden, daß bei konstanter Schaufellänge auch konstante Beaufschlagung vorzusehen ist.

Behält man die 3 Stufenreihen des Falles b bei, so können die dort gerechneten Querschnitte direkt übernommen werden. Für die 1. Stufenreihe sei $\varepsilon = 10\%$, für die zweite $\varepsilon = 50\%$ und für die 3. Stufenreihe 100% Beaufschlagung angesetzt.

Mit Berücksichtigung des Verhältnisses der Axialgeschwindigkeiten, oder direkt aus Volumen und Querschnitt erhält man die Schaufellängen der einzelnen Räder aus

$$l = (l) \cdot \frac{c_{a1}}{c_{a2}} = \frac{F}{D \cdot \pi \cdot \varepsilon}.$$

$[(l) = $ Schaufellänge eines vorhergehenden Rades.$]$

Leitrad	1	2	3	4	5	6	7	8
Schaufellänge cm . .	2,45	3,06	3,86	4,92	6,38	8,33	11,18	15,48
Leitrad	9	10	11	12	13	14	15	16
Schaufellänge cm . .	4,270	5,83	8,15	11,50	15,58	11,64	16,58	23,80

2. Parsonsturbinen.

Den Rechnungen seien hier folgende Annahmen zugrunde gelegt: $N_{i\,max} = 3000$ PS; $n = 1200$.

$p_1 = 12$ Atm., $t_1 = 250^0$; $p_2 = 0{,}06$ Atm.; $\varphi = 0{,}35$.

Bezüglich der hier notwendigen Bildung von Stufenreihen ist noch folgendes hervorzuheben:

Sind die Pressungen, zwischen welchen die einzelnen Stufenreihen arbeiten sollen, festgelegt, so sind auch die entsprechenden spez. Dampfvolumen am Anfang und Ende einer jeden Stufenreihe bekannt. Das Verhältnis dieser beiden Grenzvolumen bedingt bei Konstruktion der Turbine mit konstanten Schaufelwinkeln die Zunahme der Schaufellänge innerhalb einer Stufenreihe, bei Ausführung konstanter Schaufellängen die Zunahme der Axialgeschwindigkeiten und Schaufelwinkel. Es liegt nun nahe, z. B. die Verteilung der Wärmegefälle auf die angenommenen Stufenreihen derart vor-

6*

zunehmen, daß auf jede Stufenreihe dieselbe Volumenvergrößerung trifft. Dieser Bedingung soll im vorliegenden Fall entsprochen und dafür eine allgemeine Entwicklung vorausgeschickt werden:

Ist r die Zahl der Stufenreihen, v_A das spez. Dampfvolumen am Anfang, v_E das Volumen am Ende der Turbine, bzw. sind

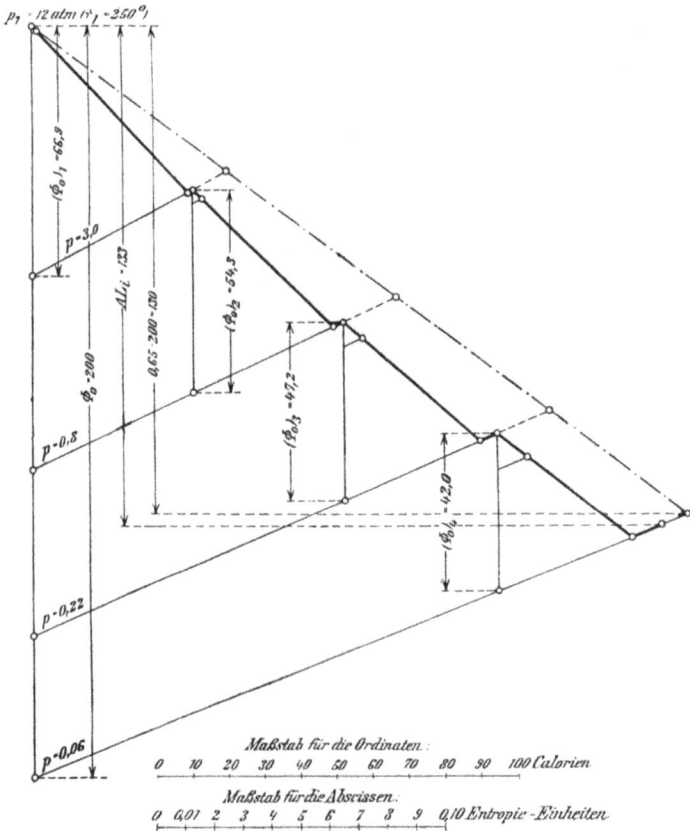

Maßstab für die Ordinaten.:

0   10   20   30   40   50   60   70   80   90   100 Calorien

Maßstab für die Abscissen.:

0   0,01   2   3   4   5   6   7   8   9   0,10 Entropie -Einheiten

Fig. 43.

Mollier: J-S-Diagramm.

$(v_A)_1$, $(v_A)_2$ etc. die entsprechenden Volumen für jede Stufenreihe, so ist die Bedingungsgleichung für die richtige Aufeinanderfolge der Dampfvolumina

$$\frac{(v_A)_1}{(v_E)_1} = \frac{(v_A)_2}{(v_E)_2} = \ldots = \frac{(v_A)_r}{(v_E)_r} = c,$$

wobei

$$(v_E)_1 = (v_A)_2; \quad (v_E)_2 = (v_A)_3 \text{ etc.}; \quad (v_A)_1 = v_A \text{ und } (v_E)_r = v_E.$$

Der Faktor c der geometrischen Reihe ergibt sich zu

$$c = \sqrt[r]{\left(\frac{v_A}{v_E}\right)}.$$

Damit das Endvolumen des Dampfes bei Austritt aus der Turbine berücksichtigt wird, ist mit Annahme eines Wirkungsgrades $\eta; = 0{,}65 \backsim (1 - \varphi)$ die Linie der Zustandsänderung näherungsweise in das Molierdiagramm der Fig. 43 eingetragen worden.

Der Dampfzustand am Anfang der Turbine ist $p_1 = 12{,}0$ Atm., $t_1 = 250^0$ C, dazu findet man $v_A = 0{,}20$; für den Endzustand ergibt sich $p_2 = 0{,}06$ Atm., $x = 0{,}936$ und damit $v_E = 22{,}6$ cbm/kg. Man erhält

$$c = \sqrt[4]{\frac{0{,}20}{22{,}6}} = 0{,}307 \text{ für } r = 4 \text{ Stufenreihen}$$

und das Volumen am Ende der 1. Stufenreihe $v = \dfrac{0{,}20}{0{,}307} = 0{,}652$ cbm

»	»	»	»	» 2.	»	$v =$	$= 2{,}124$	»
»	»	»	»	» 3.	»	$v =$	$= 6{,}930$	»
»	»	»	»	» 4.	»	$v =$	$= 22{,}61$	»

Überträgt man die vorläufig angenommene Zustandsänderung in ein $P{-}V$-, bzw. $J{-}P$-Diagramm, so findet man als Pressungen zwischen der

1. und 2. Stufenreihe $p = 3{,}0$ Atm.
2. » 3. » $p = 0{,}8$ »
3. » 4. » $p = 0{,}22$ »

Nach Eintragung dieser Pressungen in das Molierdiagramm der Fig. 43 ergeben sich auf der Ausgangsadiabate die Wärmegefälle der einzelnen Stufenreihen zu

$(\Phi_0)_1 = 66{,}9$ Kal.; $(\Phi_0)_2 = 51{,}3$ Kal.; $(\Phi_0)_3 = 44{,}1$ Kal.; $(\Phi_0)_4 = 37{,}7$ Kal. Ihre Summe liefert

$$\Phi_0 = 200{,}0 \text{ Kal.}$$

a) Turbine mit gleichen Geschwindigkeitsdreiecken in den Stufen jeder Stufenreihe gerechnet (konstante Winkel).

Für die einzelnen Stufenreihen seien folgende Annahmen gemacht:

Stufen-reihe	(Φ_0)	s	u	a_1	φ	μ
1	66,9	36	30	16°	0,35	1,03
2	51,3	15	48	20	0,35	1,03
3	44,1	7	64	25	0,35	1,03
4	37,7	4	80	30	0,35	1,02

1. Stufenreihe.

Mit der Hauptgleichung nach Seite 43

$$\frac{A}{2g}\left(2s \cdot c_1{}^2 - [2s - 1] c_2{}^2\right) = (1 - \varphi)\,\mu \cdot \varPhi_0$$

findet man durch mehrfache Annahmen von c_2 und Konstruktion der

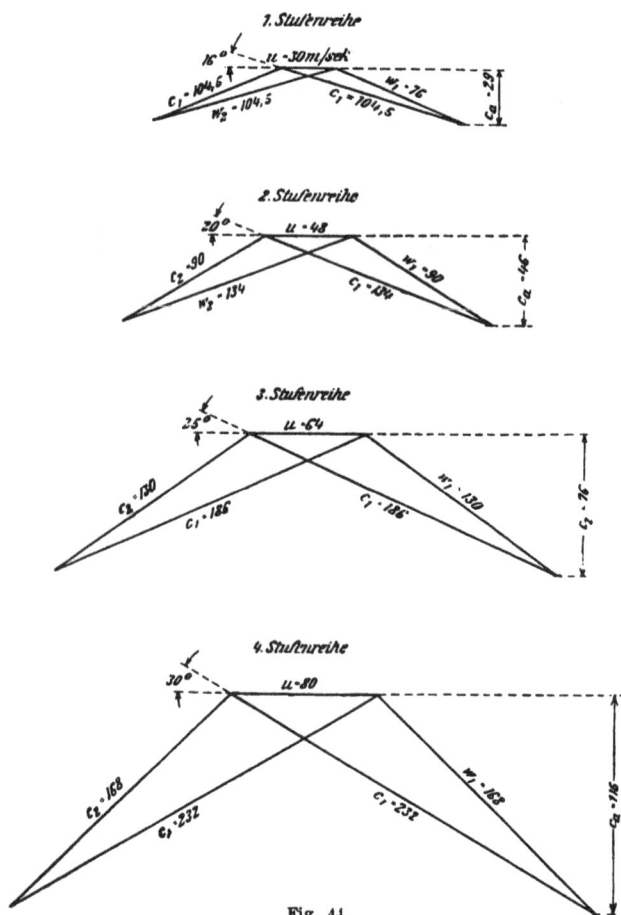

Fig. 44.

Geschwindigkeitsdreiecke, daß die gewünschte Umfangsgeschwindigkeit bei

$$c_2 = w_1 = 76,\ c_1 = w_2 = 104{,}5 \text{ m/sek } (u = 30)$$

erhalten wird (vgl. Fig. 44).

Für die Einzeichnung der Zustandsänderung im Mollierdiagramm ist zu berechnen:

das Wärmegefälle des 1. Leitrades

$$\Phi_1 = \frac{A}{2\,g} \cdot \frac{c_1^2}{(1-\varphi)} = 2{,}002 \text{ Kal.,}$$

das Wärmegefälle in den normalen Lauf- und Leiträdern

$$\Phi_n = \frac{A}{2\,g} \cdot \frac{(c_1^2 = c_2^2)}{(1-\varphi)} = 0{,}943 \text{ Kal.,}$$

der Verlust im 1. Leitrad $\varphi \cdot \Phi_1 = 0{,}70$ Kal.,

der Verlust in den normalen Rädern $\varphi \cdot \Phi_n = 0{,}33$ Kal.,

der Austrittsverlust $\dfrac{A}{2\,g} \cdot c_2^2 = 0{,}69$ Kal.

Die einzelnen Werte sind so klein, daß nur ein summarisches Eintragen von $\mu\,(1-\varphi)\,\Phi_0 = 44{,}8$ zur Ermittlung des Endzustandes vorgenommen wurde. Außerdem wurde noch der Austrittsverlust berücksichtigt.

Die weiteren Rechnungen für die 2., 3. und 4. Stufenreihe geben zu Bemerkungen keine Veranlassung. Die Resultate sind in Fig. 43/44 und in der nachstehenden Zusammenstellung vereinigt:

Stufen-reihe	$(\Phi_0)^{\gamma}$	c_2	c_1	Φ_1	Φ_n	$\varphi \cdot \Phi_1$	$\varphi \cdot \Phi_n$	$\frac{A}{2\,g} \cdot c_2^2$
2	54,3	90	134	3,298	1,814	1,156	0,635	0,967
3	47,2	130	186	6,35	3,25	2,22	1,137	2,015
4	42,0	168	232	9,88	4,702	3,46	1,80	3,37

Der im Mollierdiagramm fertig gezeichneten Zustandsänderung wurde

$$A L_i = 133 \text{ Kal.,} \quad \eta_i = 0{,}665$$

entnommen und daraus

$$D_i = 4{,}76 \text{ kg und } G = 3{,}96 \text{ kg/sek}$$

erhalten.

Bei allen Stufenreihen wurden noch durch Einzeichnen des Wertes Φ_1 die Dampfzustände an den Austrittsstellen der 1. Leiträder ermittelt, jene für Austritt letztes Laufrad jeder Stufenreihe waren bereits vorhanden.

In der folgenden Tabelle sind die aus den Dampfzuständen berechneten spezifischen Volumina, die sich ergebenden Querschnitte und Schaufellängen für die ganze Turbine zusammengestellt.

Stufen-reihe	p	t bzw. z	v	Durch-messer in m	c_a	Schaufel-länge in cm
			Austritt erstes Leitrad			
1	11,6	247°	0,203	0,478	29,0	1,84
2	2,80	143°	0,681	0,764	46,0	2,44
3	0,68	(0,974)	2,413	1,018	78,0	3,82
4	0,164	(0,944)	8,800	1,274	116,0	7,50
			Austritt letztes Laufrad			
1	3,0	147°	0,641	0,478	29,0	5,83
2	0,8	(0,978)	2,075	0,764	46,0	7,44
3	0,22	(0,947)	6,800	1,018	78,0	10,80
4	0,06	(0,924)	22,32	1,274	116,0	19,04

b) Turbine mit konstanten Schaufellängen in den Stufen jeder Stufenreihe gerechnet.

Soweit möglich sollen die Verhältnisse wie unter a angenommen werden:

Stufenreihe	Enddruck in Atm.	(Φ_0)	s	u	α_1 d. 1. Laufr.	φ	μ
1	3,0	66,9	36	30	16°	0,35	1,03
2	0,8	51,3	15	48	16°	0,35	1,03
3	0,22	44,1	7	64	16°	0,35	1,03
4	0,06	37,7	4	80	16°	0,35	1,02

Zur Berechnung ist die Hauptgleichung 8, Seite 49 heranzuziehen:

$$\frac{A}{2g} \cdot c_1{}^2 + (2s - 1)(1 - \varphi)\,\Phi_n = (1 - \varphi)\,\mu \cdot \Phi_0.$$

1. **Stufenreihe.** Beim 1. Laufrad soll c_1 und w_1 auch der Gleichung

$$\frac{A}{2g}(c_1{}^2 - w_1{}^2) = (1 - \varphi)\,\Phi_n$$

genügen. Macht man verschiedene Annahmen für c_1, berechnet sich Φ_n und w_1 dazu und konstruiert die Geschwindigkeitsdreiecke für das Laufrad der 1. Stufe, so findet man, daß $c_1 = 104,5$, $\Phi_n = 0,943$, $w_1 = 76$ die geforderte Umfangsgeschwindigkeit ergeben. Im vorliegenden Fall können diese Werte ohne weiteres dem Beispiel unter a entnommen werden.

Das Wärmegefälle des 1. Leitrades wird wieder

$$\Phi_1 = \frac{A}{2g} \cdot \frac{c_1{}^2}{(1-\varphi)} = 2,002 \text{ Kal.},$$

ebenso $\mu(1-\varphi)\Phi_0 \cdot 44,8$.

Man erhält damit aus dem Mollierdiagramm (Fig. 45) für das Volumen bei Austritt 1. Leitrad $v = 0,203$, für das Volumen bei Austritt letztes Laufrad $v = 0,641$.

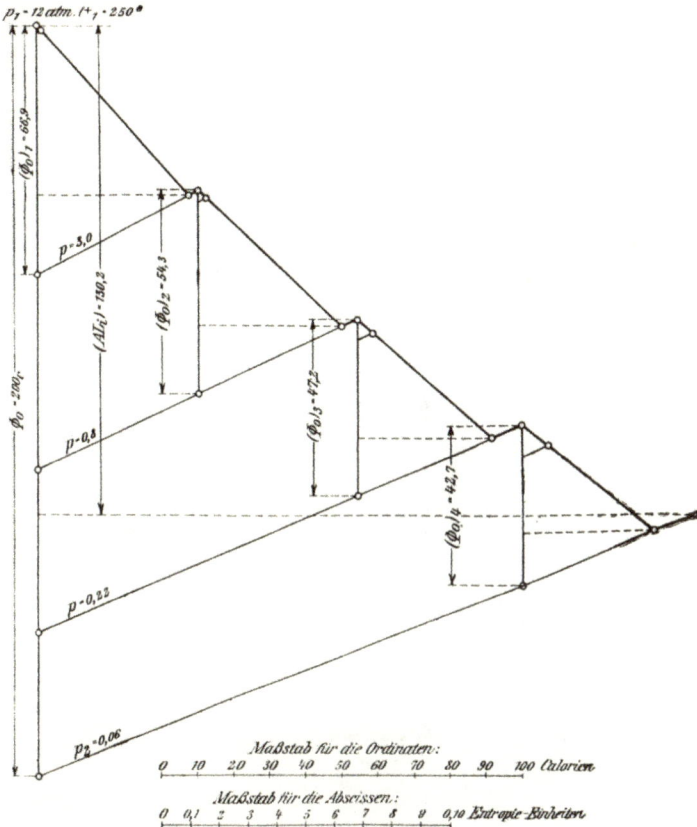

Fig. 45.
Mollier: J-S-Diagramm.

Nachdem das 1. Geschwindigkeitsdreieck (für Eintritt 1. Lauf-rad) als Axialgeschwindigkeit $c_a = 28,8$ m liefert, ist für konstante Schaufellänge die bei Austritt letztes Laufrad notwendige Axial-geschwindigkeit im Verhältnis der vorhandenen Volumina größer zu machen:

$$(c_a)_{\text{letztes Laufrad}} = 28,8 \cdot \frac{0,641}{0,203} = 90,9 \text{ m/sek.}$$

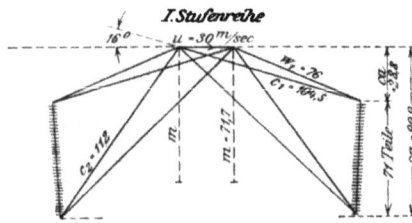

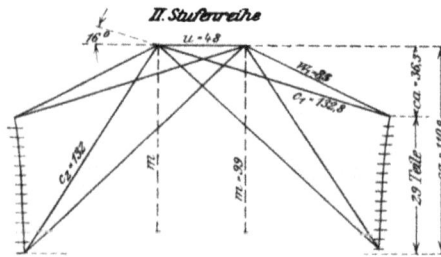

Fig. 46.

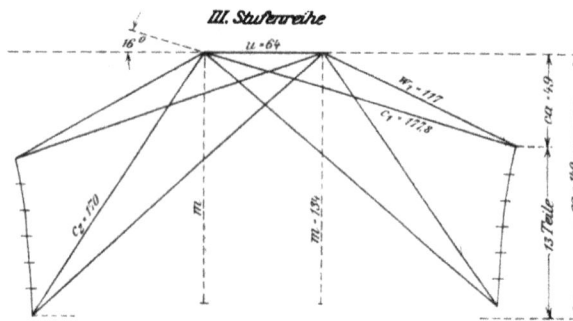

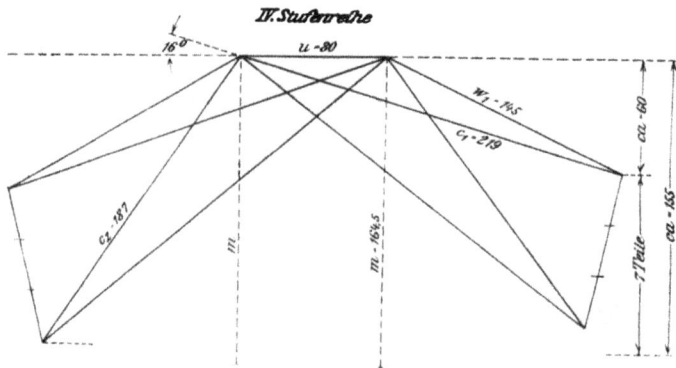

Fig. 47.

Den Unterschied zwischen 90,9 und 28,8 kann man nach Fig. 46 einfach in $(2s-1)=71$ Teile zerlegen, um die Axialgeschwindigkeiten für die zwischengelegenen Dreiecke zu bekommen.

Zur Konstruktion der ganzen Dreiecksgruppe nach Seite 52 benötigt man noch die Größe

$$m = \sqrt{\frac{2g}{A}(1-\varphi)\,\varPhi n} = 71{,}7 \text{ m/sek}$$

Es ergibt sich als Austrittsgeschwindigkeit des letzten Laufrades $c_2 = 112$ m/sek, bzw. der Austrittsverlust

$$\frac{A}{2g} = c_2{}^2 = 1{,}5 \text{ Kal.,}$$

der im Mollierdiagramm entsprechend eingetragen wurde.

Für die folgenden drei Stufenreihen sind die dazu gehörigen Resultate bzw. Zahlenwerte:

Stufen-reihe	$(\varPhi_0)'$	1. Leit-rad $\varPhi_1$	$\varPhi_n$	Erstes Laufrad (Eintritt)				m	Letztes Laufrad (Austritt)			
				c_1	w_1	c_a	v		c_a	v	c_2	$\frac{A}{2g}\cdot c_2{}^2$
2	54,3	3,24	1,82	132,8	85	36,3	0,681	99	110,9	2,074	132	2,08
3	47,2	5,81	3,29	177,8	117	49	2,384	134	140	6,82	170	3,45
4	42,7	8,82	4,97	219	145	60	8,68	164,5	155	22,41	187	4,18

Die Zustandsänderung ergibt

$$A L_i = 130{,}2 \text{ Kal.,} \quad \eta_i = 0{,}651,$$

und man erhält damit

$$D_i = 4{,}86, \quad G = 4{,}05 \text{ kg/sek.}$$

Die in den einzelnen Stufenreihen notwendigen Querschnitte und Schaufellängen sind in der folgenden Zahlentafel zusammengestellt:

Stufen-reihe	Raddurch-messer in m	Reiner Axialquer-schnitt cm²	Schaufel-länge ccm
1	0,478	285	1,90
2	0,764	760	3,17
3	1,018	1970	6,17
4	1,274	5860	14,65

VI. Das Verhalten der Dampfturbinen bei verschiedenen Betriebsverhältnissen.

In der Theorie der Gas- und Dampfströmung wird gezeigt, daß für einfache Mündungen und Düsen mit Erweiterung (De Laval-düsen) die gleichen Ausflußformeln gelten; bei beiden ist die Ausflußmenge, von Verlustkoeffizienten abgesehen, nach der Formel zu berechnen

$$G = F \sqrt{2\,g\left(\frac{k}{k-1}\right)\cdot\frac{p_1}{v_1}\left[\left(\frac{p}{p_1}\right)^{\frac{2}{k}} - \left(\frac{p}{p_1}\right)^{\frac{k+1}{k}}\right]},$$

wenn adiabatische Zustandsänderung vorausgesetzt werden darf. Dabei bedeutet

G in kg die pro Sekunde ausströmende Dampfmenge,

F in qm den betrachteten Querschnitt,

k den Exponenten der Adiabate,

p in kg/qm den Druck im betrachteten Querschnitte,

p_1 » » » » vor der Mündung oder Düse.

Es wird in den Abhandlungen und den darauf bezüglichen Versuchen darauf hingewiesen, daß die Anwendung der Gleichung abhängig zu machen ist vom Verhältnis der Pressungen p_1 und p_2 vor und hinter der Ausflußvorrichtung; es wird ein »kritisches« Druckverhältnis entwickelt und gezeigt, daß sich ein kritischer Gegendruck p_k aus der Formel

$$\frac{p_k}{p_1} = \left(\frac{2}{k+1}\right)^{\frac{k}{k-1}}$$

ergibt. Die allgemeine Ausflußformel gilt nur so lange, als der

Gegendruck hinter der Mündung oder Düse $p_2 > p_k$ ist; wird dagegen der Druck $p_2 < p_k$, dann bleibt die Ausflußmenge konstant
und unabhängig vom Gegendruck. Bezieht man in diesem Fall die
Ausflußformel auf den Querschnitt, in welchem sich der kritische
Druck einstellt, so ergibt sich

$$G = F_k \cdot \sqrt{2\,g\left(\frac{k}{k+1}\right) \cdot \left(\frac{p_1}{v_1}\right) \cdot \left(\frac{2}{k+1}\right)^{\frac{2}{k-1}}}$$

$$= C_1 \cdot \sqrt{\frac{p_1}{v_1}}.$$

Wenn $p_2 < p_k$, ist also die Ausflußmenge nur vom Anfangszustand des Gases oder Dampfes abhängig. Durch Veränderung
der Konstanten C_1 kann man sich in der Gleichung irgendwelche
Verlustkoeffizienten bzw. von k abweichende Expansionsexponenten
berücksichtigt denken. Mit dem abgeänderten Wert C_1 hat dann
die Gleichung für eine bestimmte Mündung oder Düse so lange
Gültigkeit, als sich die Verlustkoeffizienten und Expansionsexponenten
nicht verändern.

Die Anwendung der letzten Formeln auf Dampfturbinen beliebiger Systeme, die nicht mit einfachen Düsen arbeiten, führte
nun zu dem überraschenden Resultat, daß bezüglich der jeweils durchgehenden Dampfmengen die Dampfturbinen
sich ganz allgemein wie einfache Mündungen oder
Düsen verhalten, wenn man in der Formel von dem Dampfzustand zwischen Drosselventil und 1. Leitrad als Anfangszustand
ausgeht.

Wie im nachfolgenden an einer Reihe von Versuchsergebnissen
gezeigt werden soll, ergibt sich tatsächlich, daß für ein und dieselbe
Turbine die Größe $D\sqrt{\dfrac{v_1}{p_1}}$ unveränderlich ist; sie erweist sich nament-
lich als unabhängig

1. von der Belastung,
2. von der Tourenzahl,
3. vom indizierten Wirkungsgrad,
4. von der Beschaffenheit des Dampfes, mit dem die Turbine
   versorgt wird.

Unter $D = 3600\,G$ ist dabei die stündliche Dampfmenge in kg
verstanden.

Ermittlung der Konstanten $C_1 = D \sqrt{\dfrac{v}{p}}$ aus Versuchsergebnissen.

Tabelle 1.

500 KW-Dampfturbine, Bauart Melms & Pfenninger. Von Professor Dr. Schröter, Z. d. V. d. J. 1906.

Versuch	Be-lastung in KW	Dampfzustand in der Leitung p	t	Druck im Ab-dampf-rohr	Dampfzustand hinter dem Drosselventil p_1	t_1	v_1	Touren-zahl per Minute	Kon-densat per Stunde D	$C_1 = D\sqrt{\frac{v_1}{p_1}}$
1	499	13,3	319,4	0,034	5,97	306,0	0,451	2459	3890	1068
2	403	13,5	312,4	0,030	4,81	295,5	0,550	2469	3200	1082
3	277	13,3	308,2	0,024	3,42	286,9	0,761	2439	2333	1100
4	146	12,8	306,2	0,025	2,18	280,9	1,187	2489	1496	1104
5	Leerlauf m. E.	13,1	289,4	0,033	0,80	262,4	3,134	2516	557	1103
6	Leerlauf o. E.	13,1	285,5	0,034	0,70	255	3,537	2535	479	1077
7	Leerlauf d. Turbine	13,1	238	0,039	0,36	200	6,18	2505	262	1086

Kleinste Konstante = 1068 } Unsicherheit = ± 1,8 %.
Größte Konstante = 1104 }

Mittel | 1089

Tabelle 2.

Zoelly-Turbine, Stodola, 3. Auflage, Seite 264. (Die mitgeteilten Versuche wurden nur so weit verwertet, als wirkliche Beobachtungen vorlagen.)

Versuch	Be-lastung in KW	Touren-zahl per Minute	Dampfzustand in der Leitung p	t	Druck im Ab-dampf-rohr	Dampfzustand hinter dem Drosselventil p_1	t_1	v_1	Dampf-ver-brauch per Stunde	$C_1 = D\sqrt{\frac{v_1}{p_1}}$
2	387,7	2967	11,16	187,6	0,072	10,11	180,0	0,198	3776	527,5
3	334,5	2977	10,90	184,7	0,068	9,03	175,1	0,220	3368,5	525,5
4	240,1	2983	11,01	185,3	0,066	6,92	164,9	0,283	2621	530,0
5	182,2	2984	10,97	185,1	0,066	5,47	156,6	0,354	2142	540,0
6	80,13	2995	11,04	184,9	0,052	3,07	136	0,607	1202	534,0
7	Leerlauf m. E.	2995	11,03	184,9	0,051	1,22	108,8	1,448	465	507,0
8	Leerlauf o. E.	3000	11,19	185,7	0,051	0,747	102,9	2,342	295,4	522,0
9	295,9	3229	11,12	188,5	0,068	7,96	171,2	0,249	2980,1	527,0
10	279,5	2420	10,61	188,2	0,067	7,96	172,0	0,249	2978,4	526,5
11	242,1	1890	11,00	190,2	0,068	7,96	172,2	0,249	2975	526,2
18	391,7	2972	12,81	247,1	0,065	9,72	216,5	0,227	3381	517,0
18a	389,6	2973	13,13	258,5	0,066	9,72	219	0,228	3327	510,6
19	390,4	2968	11,26	226,6	0,069	9,80	216,5	0,225	3506	530,0

Kleinste Konstante = 507 } Unsicherheit = ± 3,1 %.
Größte Konstante = 540 }

Mittel | 524,8

Versuch 9, 10, 11: veränderte Tourenzahl.

Tabelle 3.

Rateauturbine von Sautter, Harlé & Co., Paris.

Stodola, 3. Auflage, Seite 297.

Nr.	Belastung in KW	Touren-zahl	Dampfzustand in der Leitung		Druck im Ab-dampf-rohr	Dampfzustand hinter dem Drosselventil			Dampf-verbrauch per Stunde	$C_1 = D\sqrt{\frac{v_1}{p_1}}$
			p	t		p_1	t_1	v_1		
1	Leerlauf o. E.	2196	12,33	188,2	0,106	0,66	118,3	2,767	338	(692)
2	Leerlauf m. E.	2181	12,66	189,6	0,103	0,875	124,6	2,118	445	(692)
3	58,5	2186	12,26	190,9	0,088	2,28	141,5	0,837	1003	(608)
4	107,5	2184	12,38	191,2	0,091	3,14	152,4	0,621	1483,5	644
5	172,3	2181	12,31	193,2	0,094	4,49	164,9	0,444	2044,8	643
6	279,9	2190	11,99	195,1	0,106	6,71	174	0,300	2976,0	629,5
7	127,9	1054	10,91	188,6	0,091	4,54	165,3	0,439	2085,0	649
8	366,0	2101	11,84	197,5	0,115	8,43	182,1	0,241	3754	634,5
9	440,1	2200	12,73	197,7	0,131	10,1	185,9	0,201	4385	619
10	436,5	2200	11,36	195,9	0,141	8,68	185,1	0,236	4592	(756)
11	344,7	1998	11,45	(195,9)	0,128	8,65	182,1	0,235	3768	621
12	462,9	2360	15,73	212,6	0,151	10,71	193,9	0,194	4640	624
13	470,27	2310	15,20	209,6	0,13	10,32	192,1	0,201	4647	648

Mittel | 634,7

Kleinste Konstante = 619 |
Größte Konstante = 649 | Unsicherheit = ± 2,4 %.

Versuch 1 bis 3: unsicher.

Versuch 7: halbe Tourenzahl.

Versuch 10: Überlastungsventil geöffnet.

Über Parsonsturbinen konnte ich keine in der angegebenen Richtung brauchbare Versuchsmitteilungen finden, doch wird sich aus späteren Untersuchungen und dem bekannten Verhalten dieser Turbinen ergeben, daß das angegebene Gesetz auch für sie gilt.

De Laval-, Elektra-, und A. E. G.-Turbinen etc. folgen ohne weiteres diesem Gesetz, wie es bei Versuchen an Düsen schon des öfteren gezeigt worden ist. Dabei ist es ohne Einfluß, was hinter den Düsen vorgeht, ob der Dampf direkt vom 1. Leitrad in den Kondensator strömt oder ob er noch durch ein anderes Turbinensystem hindurchgeschickt wird.

Wie den 3 Tabellen entnommen werden kann, ist der Unterschied in den Werten von C_1 bei einer und derselben Turbine nicht groß. Dazu ist hervorzuheben, daß sich das angegebene Gesetz genau genommen nur auf jene Dampfmenge beziehen kann, welche wirklich alle Leitapparate der Turbine passiert hat; die Gleichung kann sich nicht auch auf die Hilfsdampfmengen beziehen, die zur Steuerung und zur Labyrintdichtung notwendig werden.

Nachdem bei allen benutzten Versuchen stets nur der Gesamtdampfverbrauch angegeben war, wären bei Versuchen zu genauer Bestimmung der Konstanten diese Hilfsdampfmengen ev. durch eigene Meßdüsen zu schicken; doch können sie näherungsweise wohl mit in die Konstante einbegriffen werden.

Der Unterschied in den Konstanten bei den mitgeteilten Versuchen beträgt im Maximum $\pm$ 3%, wobei, wie gesagt, die Konstanten auf die Gesamtdampfmengen bezogen waren. Daraus darf wohl auch der Schluß gezogen werden, daß bei ein und derselben Turbine die für die Dampfmenge maßgebenden Koeffizienten und Exponenten konstant sind.

Die Größe C_1 kann also als eine Konstante der Maschine bezeichnet werden, die solange Gültigkeit hat, als an der Turbine im Arbeitsteil keine Veränderung vorgenommen worden ist; als solche kämen auch Querschnittsveränderungen durch Temperaturunterschiede in Betracht. Die Konstante gilt nicht mehr, wenn das Überlastungsventil in Tätigkeit getreten ist, doch kann für diesen Fall schließlich eine besondere Konstante angegeben werden.

Bei Düsenturbinen ist die Konstante proportional der verwendeten Düsenzahl.

Über den Einfluß von Veränderungen an den Lauf- oder Leiträdern können nur Versuche Aufschluß geben; auch müßte durch Experiment nachgewiesen werden, ob die Konstante dann auch durch den kleinsten in den Leitapparaten vorkommenden Querschnitt bedingt ist. Dann könnte in einfacher Weise mit diesem Querschnitt und einem Korrektionsfaktor die Konstante sofort gerechnet werden.

Andernfalls kann die Konstante jederzeit durch einen einzigen Versuch bei beliebigen Verhältnissen festgestellt werden. Es ist nur einmal die Dampf- oder Kondensatmenge zu messen und der vor dem ersten Leitapparat vorhandene Dampfzustand zu beobachten; für irgendwelche andere Betriebsverhältnisse kann dann die durchgehende Dampfmenge mit Hilfe der Konstanten berechnet werden, wozu man nur eine Druck- und Temperaturablesung zwischen Drosselventil und 1. Leitapparat braucht; dabei sollte stets dieselbe Meßstelle benützt werden.

Macht man bei Dampfverbrauchsversuchen an der Turbine die Beobachtung, daß sie bei verschiedenen Verhältnissen stark voneinander abweichende Konstante ergibt, so muß entweder an der Maschine eine organische Veränderung eingetreten sein, oder es liegen Ungenauigkeiten oder Fehler in den Beobachtungen vor.

Bei Dampfturbinen, welche im Hochdruckteil Düsen haben, kann man diese außerhalb der Maschine eichen und kann sich bei Belastungsversuchen die Kondensatmessung ersparen.

Will man bei einer Schiffsturbine die Dampfmengen überhaupt nicht messen, so bestimme man mit Hilfe einer geeichten Düse, die zwischen Haupt- und Drosselventil eingeschaltet wird, bei mittlerer Belastung (damit durch die Meßdüse eine größere Druckdifferenz herbeigeführt werden darf) die Konstante der Turbine; man kann dann die Meßdüse wieder ausschalten oder eine Umleitung vorsehen. Schließlich darf eine solche Messung auch bei stillstehender Turbine gemacht werden.

Nachdem bei normalen Dampfturbinen das kritische Druckverhältnis nicht in Frage kommt, ist die Formel in ihrer Anwendung unbegrenzt.

Theoretische Verwertung der Gleichung $G = C_1 \sqrt{\dfrac{p_1}{v_1}}$.

Setzt man voraus, daß bei einer Maschine für alle Belastungen Dampf von gleicher Qualität zur Verfügung steht, so wird der gedrosselte Dampf, wie er dem Leitrad zuströmt, eine und dieselbe Erzeugungswärme aufweisen.

Aus der Definition der Erzeugungswärme

$$i = U + A \cdot p \cdot v$$

und der Gleichung für die innere Arbeit bei Gasen und überhitzten Dämpfen

$$d\,U = \frac{A}{k-1}\,d(p \cdot v)$$

oder

$$U = U_0 + \frac{A}{k-1} \cdot p \cdot v$$

folgt

$$i = U_0 + \left(\frac{k}{k-1}\right) A \cdot p\,v.$$

Darf in einem besonderen Falle die Erzeugungswärme als unveränderlich angenommen werden, so ergibt sich daraus

$$p \cdot v = \text{konstant} = C.$$

Für gesättigte nasse Dämpfe gilt diese Gleichung nicht. Nachdem aber meistens trocken gesättigter oder überhitzter Dampf in Anwendung ist und für die überhitzten Dämpfe die Gleichung bis zur Grenzkurve gilt, kann diese Gleichung für Drosselkurven schließlich allgemein angewendet werden.

Berücksichtigt man die Beziehung in der Turbinengleichung, so erhält man

$$D = C_1 \cdot \sqrt{\frac{p}{v}} = C_1 \cdot \sqrt{\frac{c}{v^2}} = \frac{C_2}{v}$$

oder

$$D \cdot v = C_2 = \text{konstant},$$

und diese Gleichung gilt für eine Turbinenanlage so lange, als in der Leitung die Erzeugungswärme des zugeführten Dampfes unveränderlich erhalten wird. Das spezifische Volumen ist auf den Dampfzustand hinter dem Drosselventil zu beziehen.

In Verbindung mit der Kontinuitätsgleichung erhält man auch

$$\frac{D \cdot v}{3600} = V = F \cdot c = \text{constant}$$

d. h. zwischen dem Drosselventil und dem ersten Leitrad ist das auf die Zeit bezogene Volumen unveränderlich, die Dampfgeschwindigkeiten bleibt hier dieselbe.

Gegen das Ende der Turbine muß bei gleichem Kondensatordruck die Dampfgeschwindigkeit zunehmen, so daß bei den verschiedensten Belastungen am Beginn der Turbine die Dampfgeschwindigkeiten von einem unveränderlichen Wert gegen das Ende der Turbine je nach Belastung proportional der durchgehenden Dampfmenge zu- oder abnehmen.

Ersetzt man in der Gleichung das spezifische Volumen durch den Druck vor dem 1. Leitrad, so erhält man

$$D = C_1 \cdot \sqrt{\frac{p^2}{c}} = C_3 \cdot p$$

d. h. so lange der Dampfzustand in der Leitung gleicher Erzeugungswärme entspricht, ist die stündliche Dampfmenge proportional dem Druck vor dem ersten Leitapparat, ein Gesetz, das praktisch schon allgemein bei allen Dampfturbinenversuchen mit oder weniger Genauigkeit konstatiert wurde, wobei man freilich auf die Erzeugungswärme des Dampfes in der Leitung nicht achtete.

Diese Proportionalität, die man auch bei Parsonsturbinen beobachtet hat, soll nun umgekehrt als Beweis dafür in Anspruch genommen werden, daß auch bei diesem Turbinensystem die Gleichung

$$D = C_1 \sqrt{\frac{p}{v}}$$

Gültigkeit hat.

Die drei eingeführten Konstanten sind natürlich voneinander abhängig. Es ergibt sich

$$C_1 = \frac{C_2}{\sqrt{p \cdot v}} = C_3 \sqrt{p \cdot v}; \quad C_2 = C_1 \sqrt{p \cdot v} = C_3 \cdot p \cdot v; \quad C_3 = \frac{C_1}{\sqrt{p \cdot v}} = \frac{C_2}{p \cdot v}.$$

Auf Grund des Verhaltens der Dampfturbinen können nun mit Hilfe der Konstanten eine Reihe von Fragen behandelt werden, wenn man die indizierte Leistung der Maschine mit hereinzieht. Wie bekannt, ergibt sich aus den Dampfzuständen vor und hinter der Turbine die zugehörige Differenz der Erzeugungswärmen $(i_1 - i_2')$ und daraus mit der Dampfmenge G pro Sekunde oder D pro Stunde die »indizierte Leistung« der Maschine aus

$$N_i = \frac{(i_1 - i_2') G \cdot 3600}{632} = \frac{(i_1 - i_2') D}{632} = \frac{\Phi \cdot \eta_i \cdot D}{632},$$

wenn Φ das adiabatische Wärmegefälle zwischen den Dampfzuständen vor dem 1. Leitapparat und im Abdampfrohr, und η_i den indizierten Wirkungsgrad, bezogen auf den Dampfzustand vor dem 1. Leitrad bedeutet.

Nun haben zahlreiche Versuche ergeben, daß der so definierte Wirkungsgrad für eine und dieselbe Maschine eine fast unveränderliche Größe ist — um so mehr, je weniger sich die Tourenzahl der Turbine ändert; dabei ist zur Bestimmung des Wirkungsgrades stets mit der gesamten Kondensatmenge gerechnet worden. Es ist nicht ausgeschlossen, daß sich der indizierte Wirkungsgrad ganz konstant ergibt, wenn man nur die wirklich durch den aktiven Teil der Turbine strömende Dampfmenge berücksichtigt, die Hilfsdampfmengen also in Abzug bringt.

Jedenfalls kann man für eine ganze Reihe von Rechnungen den indizierten Wirkungsgrad als unveränderlich annehmen und je nach Erfordernis nachträglich gewisse Unterschiede berücksichtigen, weil sich alle Rechnungsgrößen als proportional dem indizierten Wirkungsgrad ergeben.

Arbeitet man bei den folgenden Untersuchungen stets mit Kurven konstanter Erzeugungswärme, so daß die Gleichungen

$$D \cdot v = C_2 \quad \text{und} \quad D = C_3 \cdot p$$

angewendet werden können, und setzt man den indizierten Wirkungsgrad konstant, so ergeben sich folgende Kombinationen mit der Leistungsgleichung

$$N_i - \frac{\Phi \cdot \eta_i \cdot D}{632} = \frac{C_1}{632} \cdot \eta_i \cdot \Phi \sqrt{\frac{p}{v}} = \frac{C_2}{632} \cdot \eta_i \cdot \frac{\Phi}{v} = \frac{C_3}{632} \cdot \eta_i \cdot \Phi \cdot p.$$

Ist die Konstante C_1 einer Turbine bekannt, so kann hiernach bei gegebenem Kondensatordruck und bekanntem indizierten Wirkungsgrad für jeden Dampfzustand nach dem Drosselventil die indizierte Leistung und die durchgehende Dampfmenge berechnet werden.

Anderseits kann man auch zu jeder Leistung den sich einstellenden Dampfzustand vor dem ersten Leitapparat und daraus die stündliche Dampfmenge bestimmen:

$$\frac{\varPhi}{v} = \frac{632\,N_i}{C_2 \cdot \eta_i}, \text{ oder } \varPhi \cdot p = \frac{632\,N_i}{C_3 \cdot \eta_i}.$$

Zu diesem Zweck muß man auf der gegebenen Drosselkurve jenen Punkt suchen, der das errechnete Verhältnis $\frac{\varPhi}{v}$ oder $\varPhi \cdot p$ ergibt.

Anwendungen.

Die Konstante einer Turbine habe sich einschließlich der Hilfsdampfmengen zu

$$C_1 = D\sqrt{\frac{v}{p}} = 1200$$

ergeben. Der indizierte Wirkungsgrad darf zu $\eta_i = 0,65$, der Kondensatordruck zu $p_2 = 0,04$ Atm. abs. angenommen werden.

1. Welches ist die maximale Leistung und Dampfmenge bei vollständig geöffnetem Drosselventil (ohne Verwendung eines Überlastungsventils), wenn an der Maschine ein Druck von 15 Atm. abs. und 300° C Dampftemperatur zur Verfügung steht?

Adiabatisches Wärmegefälle zwischen $p = 15$, $t = 300°$, und $p_2 = 0,04$ $\qquad \varPhi = 233,5$ Kal.

Spezifisches Dampfvolumen dazu $v = 0,174$ cbm/kg.

Maximale indizierte Leistung also:

$$N_i = \frac{C_1 \cdot \eta_i}{632} \cdot \varPhi \sqrt{\frac{p}{v}} = 2672 \text{ PS.}$$

Dies würde bei einem mechanischen Wirkungsgrad $\eta_m = 0,93$, einem Wirkungsgrad der Dynamo $\eta_d = 0,93$, einer maximalen elektrischen Leistung von

$$\frac{2672 \cdot 0,93 \cdot 0,93}{1,36} = 1700 \text{ KW}$$

entsprechen.

Maximale Dampfmenge per Stunde

$$D = C_1\sqrt{\frac{h}{v}} = 11\,140 \text{ kg.}$$

Dampfverbrauch per PS$_i$/Std. $D_i = 4{,}168$ kg,

» » KW/Std. $= 6{,}55$ »

Wärmeverbrauch » PS$_i$/Std. $W_i = 3030$ Kal.

» » KW/Std. $= 4770$ »

2. Bei dem Dampfzustand $p = 15$ Atm., $t = 300^0$ vor der Turbine soll das Verhalten derselben bei verschiedenen Leistungen entwickelt werden.

Auf der Drosselkurve ergibt sich die Erzeugungswärme $i = 728{,}5$ Kal. Wird beispielsweise mit der Konstanten C_3 gerechnet, so erhält man

$$C_3 = \frac{C_1}{\sqrt{p \cdot v}} = 741,$$

damit

$$\Phi \cdot p \quad \frac{632\,N_i}{\eta_i \cdot C_3} = 1{,}312\,N_i.$$

Bei verschiedenen Pressungen p_1 auf der Drosselkurve ergeben sich damit folgende Verhältnisse:

p_1	Φ	$\Phi \cdot p$	N_i	D	D_i	W_i
15	233,5	3502	2672	11140	4,16	3030
12	221	2650	2022	8890	4,40	3100
8	207,8	1662	1268	5930	4,67	3400
4	185,2	741	565	2965	5,25	3825
1	139,5	139,5	106,5	741	6,96	5070
0,6	123	73,8	56,3	445	7,90	5740

Die Zahlen sind in den Fig. 48 und 49 verwertet und ergeben in dem Verlauf der Kurven das bekannte Bild, wie es in den Veröffentlichungen über Dampfturbinen zu finden ist.

3. Mit welchen Dampfverhältnissen muß die Turbine betrieben werden, damit bei einer gewissen Leistung ein möglichst kleiner Dampf- und Wärmeverbrauch resultiert?

Aus den allgemeinen Formeln für den Dampf- und Wärmeverbrauch

$$D_i = \frac{632}{\eta_i \cdot \Phi} \quad \text{und} \quad W_i = \frac{632}{\eta_i \cdot \Phi} \cdot i_1$$

kann nur entnommen werden, daß der Betrieb am günstigsten ist, wenn $\frac{i}{\Phi}$ ein Minimum wird. Wenn bei wachsendem i das Wärmegefälle schneller wächst, dann ist möglichst große Erzeugungswärme anzustreben und umgekehrt; wenn mit wachsendem i das Wärme-

7**

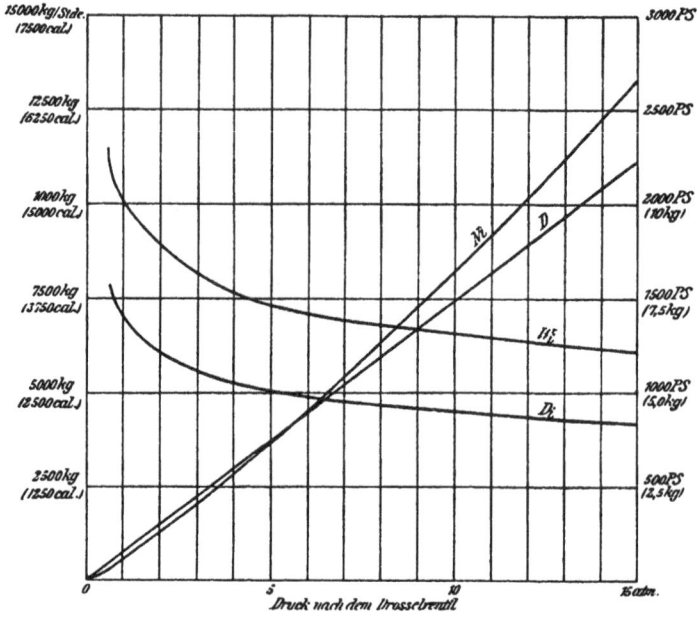

Fig. 48.

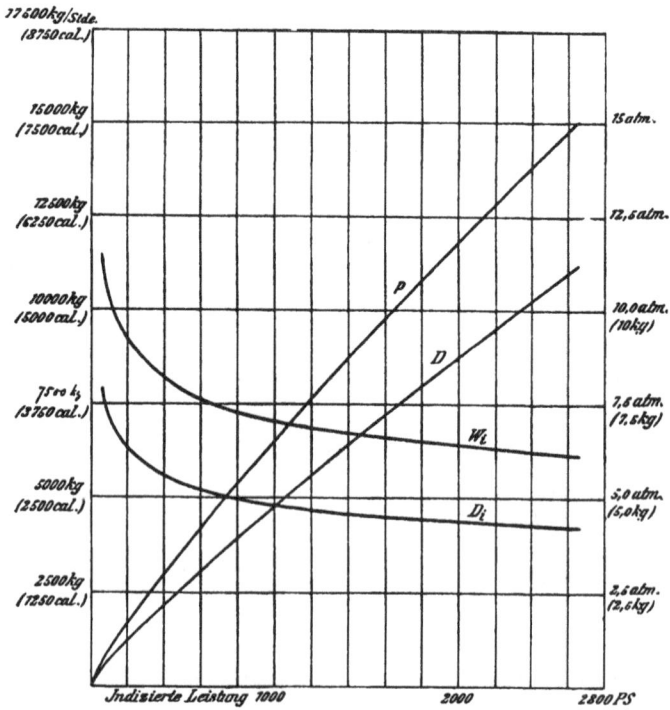

Fig. 49.

gefälle schneller abnimmt, ist möglichst kleine Erzeugungswärme am besten. Der Vergleich hat dabei natürlich bei derselben Leistung zu geschehen.

Für den vorliegenden Fall wurde er so durchgeführt, daß die Verhältnisse der Maschine noch für drei andere Erzeugungswärmen $i = 700$, $= 675$ und für die Grenzkurve gerechnet wurden. Die Resultate sind in der folgenden Tabelle zusammengestellt:

Tabelle 4.

p in Atm. abs.	Φ cal.	$\Phi \cdot p$ bzw. $\left(\Phi \cdot \sqrt{\frac{p}{v}}\right)$	N_i	D	D_i	W_i
\multicolumn{7}{c}{$i = 700 \; (C_3 = 800)$}
15	216,5	3248	2672	12000	4,49	3145
12	209,0	2508	2064	9600	4,65	3257
8	195,0	1561	1285	6400	4,98	3490
4	172,2	689	567	3200	5,65	3958
1	127,0	127	104	800	7,65	5355
0,6	110,0	66	54,3	480	8,84	6190
\multicolumn{7}{c}{$i = 675 \; (C_3 = 832)$}
15	206,4	3096	2650	12480	4,71	3180
12	201,8	2420	2070	9980	4,83	3258
8	186,2	1489	1274	6660	5,23	3531
4	163,8	655	560	3330	5,95	4016
1	118,2	118,2	101	832	8,22	5550
0,6	101,2	60,7	51,9	499	9,62	6490
\multicolumn{7}{c}{Sättigungslinie $(C_1 = 1200)$}
15	203,8	(2136)	2638	12600	4,78	3202
12	196,5	(1660)	2050	10140	4,95	3306
8	182,3	(1038)	1282	6840	5,33	3540
4	157,3	(458,2)	566	3498	6,18	4045
1	109,7	(83,5)	103	900	8,72	5570
0,6	91,6	(42,6)	52,6	558	10,6	6720

Der Vergleich der Zahlen ergibt, daß bei allen Leistungen die Maschine am vorteilhaftesten arbeitet, wenn ihr Dampf mit möglichst hoher Erzeugungswärme zugeführt wird. Dabei darf der Druck in der Leitung stets größer sein wie die Pressung hinter dem Drosselventil; doch ist zu erwägen, ob dadurch die Leitungsverluste nicht erhöht werden. Den Zahlentafeln ist gleichzeitig der Einfluß der Überhitzung auf den Dampf- und Wärmeverbrauch zu entnehmen; bezüglich der Veränderung der Kondensatorspannung bieten die anzustellenden Untersuchungen keine Schwierigkeiten.

In der Fig. 50 sind für die gewählten vier Erzeugungswärmen über den Pressungen p_1 als Abzissen die dazugehörigen jeweiligen Leistungen als Ordinaten aufgetragen. Die vier Kurven fallen fast zusammen, so daß man sagen kann: bei gleichem Kondensatordruck sind bei einer Dampfturbine die Kurven konstanten Druckes als Kurven konstanter Leistung anzusprechen, solange der indizierte Wirkungsgrad als unveränderlich angenommen werden darf. Außerdem muß in der Leitung mindestens trocken gesättigter Dampf vorhanden sein.

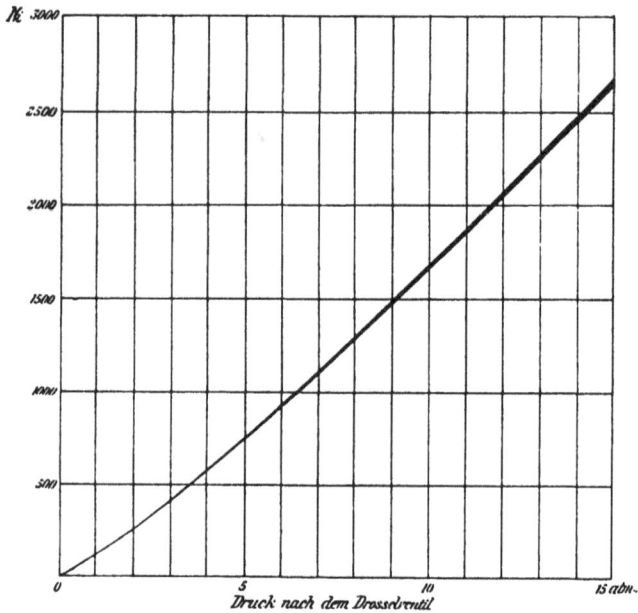

Fig. 50.

Der Beweis dieses Verhaltens durch direkte Rechnung erscheint ausgeschlossen, weil im ganzen in Frage kommenden Gebiet die Adiabaten zu beiden Seiten der Grenzkurve liegen und das Rechnen mit veränderlichen Exponenten zu keinem Ziele führt; aber indirekt läßt sich allgemein über die Genauigkeit des ausgesprochenen Satzes ein Urteil gewinnen. Soll sich bei demselben Druck, unabhängig von der Erzeugungswärme, stets dieselbe Leistung ergeben, so müßte in der Gleichung

$$N_i = \frac{C_1 \cdot \eta_i}{632} \cdot \Phi \sqrt{\frac{p}{v}}$$

$\dfrac{\Phi}{\sqrt{v}}$ ein unveränderlicher Wert sein.

Tabelle 5.

Werte von $\dfrac{\Phi}{\sqrt{v}}$ für $p_1 = \text{const}$; $p_2 = 0,04$ Atm.

	Φ	v	$\sqrt{v}$	$\dfrac{\Phi}{\sqrt{v}}$
$p = 0,6$				
Sättigung ($i = 633,7$)	91,6	2,777	1,664	55,1
$i = 675$	101,2	3,47	1,862	54,5
700	110,0	3,90	1,974	55,7
725	120,5	4,3	2,072	58,1
$p = 1,0$				
Sättigung ($i = 639,3$)	109,7	1,722	1,312	83,6
$i = 675$	118,2	2,08	1,441	82,0
700	127,0	2,35	1,532	82,9
725	138	2,60	1,612	85,6
750	149,4	2,82	1,678	89,0
$p = 4,0$				
Sättigung ($i = 655,4$)	157,3	0,471	0,686	229,3
$i = 675$	163,8	0,520	0,721	227,2
700	172,2	0,580	0,761	226,2
725	184	0,642	0,801	229,3
750	194,5	0,705	0,839	231,8
$p = 8,0$				
Sättigung ($i = 663,5$)	182,3	0,246	0,496	367,5
$i = 675$	186,2	0,260	0,510	365,0
700	195,0	0,290	0,538	362,5
725	206,4	0,321	0,567	364,2
750	218,6	0,353	0,594	367,8
$p = 12,0$				
Sättigung ($i = 668,1$)	196,5	0,168	0,410	479,3
$i = 675$	198,5	0,173	0,416	477,0
700	209	0,194	0,440	475,0
725	220	0,214	0,462	476,5
750	232,4	0,235	0,485	479,5
$p = 16,0$				
Sättigung ($i = 671,2$)	206,3	0,128	0,358	577
$i = 675$	207,8	0,130	0,360	577
700	218	0,146	0,382	571
725	229,2	0,161	0,401	572
750	241,0	0,177	0,421	573
$p = 20$				
Sättigung ($i = 673$)	212,6	0,104	0,3225	659

In der Tabelle 5 sind nun von $i = 750$ Kal. bis zur Grenzkurve und für Pressungen zwischen 20 und 0,6 Atm. abs. bei
einem Kondensatordruck von 0,04 Atm. die Zahlen für $\dfrac{\varPhi}{\sqrt{v}}$ ausge-

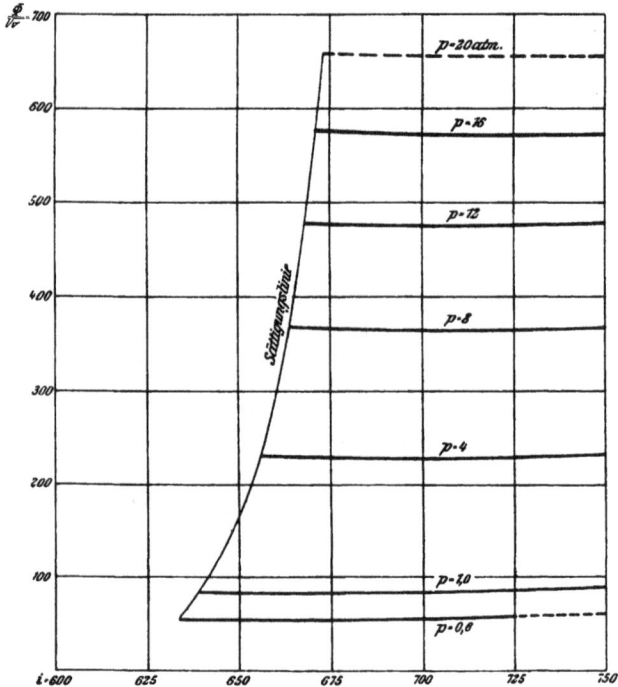

Fig. 51.

Kurven der $\dfrac{\varPhi}{\sqrt{v}}$ für $p_1 = c$.

$(p_2 = 0,04 \text{ atm.})$

rechnet und dann in der Fig. 51 eingetragen worden. Aus beiden
ergibt sich die geringe Veränderlichkeit der charakteristischen Größe,
so daß auch von dieser Seite her die Übereinstimmung von Druck
und zugehöriger Leistung augenfällig gemacht ist.

www.ingramcontent.com/pod-product-compliance
Lightning Source LLC
Chambersburg PA
CBHW031448180326
41458CB00002B/693